森の自然史
【複雑系の生態学】

菊沢喜八郎・甲山隆司 編

北海道大学図書刊行会

屋久島瀬切川流域の上部山地林(甲山隆司撮影)

はじめに

　森は，私たち日本人にとって馴染みぶかい自然である．湿潤な気候と，山がちな地形のために，森林面積は日本の国土の7割弱を占めている．さらに視野を広げてみると，東南アジア熱帯からカムチャツカ半島・シベリア東部にいたるアジア大陸の東岸域は，熱帯雨林-温帯林-亜寒帯林と連なる森のベルトだ．大陸の中央部や西岸域では，乾燥気候により森林の自然分布が分断されるので，世界地図のなかでは，森の連なる東アジアは特異な地域であることがわかる．森という生態系は，ほかの陸域の植生や海洋と比べて，いちじるしく樹木の有機物蓄積が高いシステムであり，森の面積は地球表面の1割にすぎないが，その生物有機物量は地球上の9割を占めている．もっとも，蓄積量を云々する前に，森に一歩踏み込むだけで，自然のつくりあげた大きい構築物に，感心しないわけにはいかない．こうした環境に育まれて，日本には森の研究者が多く，また世界の研究をリードするようなすぐれた研究者が育ちつつある．森に腰を据え，浸りこむ研究者を駆りたてる動機は，巨大で多様な森に対する畏敬と，一筋縄ではいかぬ相手に対する尽きぬ興味だろう．この本では，それぞれ森に深くはいりこみ，森の機能を解きほぐしてきた若手研究者たちに，森の生き生きとした姿を報告してもらう．

　森の骨格をつくりあげる樹木たちは花をつけ，実を結び，芽生えて更新していく．研究者の寿命よりはるかに長いそのサイクルは，今まで容易には把握できない過程であると思われてきた．しかしその全体像が，さまざまな部分過程の緻密な観察をとおして理解できるようになってきた．第Ⅰ部と第Ⅱ部では，いったん定着したら動けない樹木たちが，昆虫や動物たちとの相互作用をとおしていかに繁殖や定着を成功させているか，また，時空間的な環境変化に，どのように対応した振る舞いを示しているか，さまざまな森と樹種について紹介していく．多くの樹種がいっしょに森を構成していくしくみは，興味ぶかい課題だ．生態学の一般理論によれば，同じ資源をめぐって競

合関係にある種どうしが安定的に共存することはきわめて困難である．とりわけ，東南アジアの熱帯雨林のように，1 ha に数百もの樹種が出現する現象は，多くの研究者を惹きつけながら，まだ十分に解けていないパラドクスである．第III部では，共存のしくみの手がかりを，さまざまな森で探っている．第IV部では，樹木と捕食動物をめぐる関係や土壌や河川における過程をとおして，生態系としての森の機能を解明していく．本書によって，一見，その動きがみえにくい森が，どのように動的に機能しているかを理解していただけるものと期待している．

　編者の私たちの経験から，北海道の森と，東南アジア熱帯雨林からの報告が多い構成になった．ほんの 10 年も前までは，大学院生が熱帯雨林に長期間腰を据えて調査を行なうような機会はまれだったが，現在では，それもごく普通になった．執筆者の多くが，温帯林と熱帯雨林の双方で十分な調査経験を積んできている．東アジア，さらには世界の森をカバーする理解が，今後深まってくることは間違いない．東南アジアの熱帯雨林と，日本の冷温帯落葉樹林を比べると，出現樹種数に 10 倍もの違いがある．それぞれの森で個別に調査研究を進めるだけでなく，気候環境傾度にそったパターンに挑むためには，さまざまな森での豊かな経験がおおいに役立つだろう．

　このなかで紹介したいくつかの調査研究プロジェクトで指導的な役割を果たしてこられた井上民二さんと中野　繁さんは，海外調査中の事故で帰らぬ人となった．本書をおふたりに捧げたい．
　　　　2000 年 6 月 23 日

　　　　　　　　　　　　　　　　　　　　　　　　菊沢喜八郎・甲山隆司

目　次

はじめに　iii

第Ⅰ部　木の花・果実

第1章　熱帯雨林における植物の開花・繁殖様式
　　　　　　　　　　　　　　　　　　　（京都大学・百瀬邦泰）　3

　1．混交フタバガキ林の開花周期　3
　2．植物の繁殖間隔，繁殖様式，生活形のあいだの関係　5
　　送粉者の行動様式／開花間隔／最適繁殖間隔／林の階層と生産力，死亡率／スペシャリストによって花粉媒介される条件
　3．そのほかの仮説　13
　4．動物の反応　14
　5．断片化の影響　15

第2章　冷温帯落葉広葉樹林における樹木の開花と結実
　　　　　　　　　　　　　　　　　　　（北海道大学・加藤悦史）　18

　1．林冠へのアプローチ法　19
　2．冷温帯落葉広葉樹林でのハクウンボクの開花，結実について　21
　　結実を制限する要因についての一般的な仮説／ディスプレイサイズの効果／光条件による資源制限の影響／野外個体群での検証

第3章　冷温帯落葉広葉樹林における種子散布
　　　　　　　　　　　　　　　（森林総合研究所・柴田銃江）　30

　1．樹木の種子散布の意義　30
　2．空間的逃避仮説　32

3．移住仮説　　34
4．指向性散布仮説　　36
5．シードバンク　　39
6．種子散布の重要性を評価するにはどうすればよいか？　　41

第4章　森の果実と鳥の季節（日本学術振興会特別研究員・木村一也）　　43

1．果実の季節変化と鳥の渡り　　43
2．西ヨーロッパ～アフリカでの研究　　45
3．新世界における研究　　46
4．東アジアにおける研究　　48
5．キナバル山・熱帯山地林の結実時期と渡り時期　　51
6．鳥散布植物の結実フェノロジー　　54
7．キナバル山の季節性　　56

第II部　実生の定着と稚樹の生活

第5章　マレーシア半島の熱帯低地雨林に果実‐果実食者の関係を探る（森林総合研究所・安田雅俊）　　61

1．動物あっての種子散布　　61
2．種子散布と立地条件が織りなす植物の空間分布　　62
3．果実と果実食者のあいだの多様な関係　　64
4．特異な選好性をもつヤマアラシ　　71
5．果実食者の多様性と熱帯雨林の保全　　73

第6章　萌芽をだしながら急斜面に生きるフサザクラ（東北大学・酒井暁子）　　75

1．急斜面に活路をみいだす樹木　　75
地面は起伏に富んでいる／房総丘陵に生育するフサザクラ／丘陵の植生パターンを決めている地形的要因

2．急斜面で生きるフサザクラの生活史　81

　　損傷をうけても萌芽で修復する／保険的に早め早めに萌芽する／萌芽によって効率的に受光する

　3．萌芽するためのメカニズム　89

　　萌芽のための休眠芽／養分をどこから調達するのか

第7章　熱帯雨林におけるフネミノキの樹形変化
　　　　　　　　　　　　　　　　　　（熊本県立大学・山田俊弘）　96

　1．空間獲得戦略としてみた樹形　96
　2．フネミノキという植物　97
　3．フネミノキの成長にともなう樹形の変化　100
　4．フネミノキ稚樹の単軸成長様式の生態学的な意味　102
　5．分枝することの生態学的な意味　104
　6．樹形の多様性と一般法則　106

第8章　ミズナラの実生定着と空間分布を規定する昆虫と野ネズミ
　　　　　　　　　　　　　　　　　　（富山大学・和田直也）　108

　1．種子成熟過程における種子食昆虫の影響　109
　2．種子散布期における野ネズミの影響　110
　3．実生の定着期における食葉性昆虫の影響　115

第III部　森の動態と樹種の共存

第9章　トドマツ・アカエゾマツ林の更新動態と2種の共存
　　　　　　　　　　　　　　　　　　（信州大学・高橋耕一）　123

　1．多種共存における平衡・非平衡仮説　123
　2．ササの優占度にそった2種の更新　125

　　個体群構造／更新場所としての微地形／ササの優占度にそった2種の共存条件

　3．定着場所の違いが種内・種間競争に及ぼす影響　130

第10章　照葉樹林の構造と樹木群集の構成
　　　　　　　　　　　　　　（鹿児島大学・相場慎一郎）　134

1. 照葉樹林とはどのような森林か　134
2. 森林の追跡調査　138
3. 森林の階層構造と水平的不均一性　140
4. 森林構造と多種共存のしくみ　143

第11章　リュウノウジュの林冠優占と熱帯雨林の多様性
　　　　　　　　　　　　　　（大阪市立大学・伊東　明）　146

1. 熱帯雨林と優占種　146
2. 擬優占種リュウノウジュ　147
3. リュウノウジュの更新能力　151
4. 近縁種の共存に果たす土壌と地形の役割　154
5. 優占種になりきれない理由　157

第Ⅳ部　生態系としての森林

第12章　春の広葉樹林における植物－昆虫－鳥の三者関係
　　　　　　　　　　　　　　（北海道大学・村上正志）　165

1. 春の雑木林で　165
2. 樹から虫，鳥へ　166
　　植物から植食者へ／植食者から鳥へ
3. 鳥の側から　171
　　林冠エンクロージャー実験／林冠での鳥の役割
4. もう一度，春の森で　175

第13章　森の土壌をめぐる物質動態（北海道大学・柴田英昭）　177

1. 森林生態系の物質循環　177
2. イオン交換の場としての土壌　178

3．植生や微生物が物質動態へ及ぼす影響　　178
　4．土壌水の化学組成　　179
　5．土壌‒植生系をめぐる物質循環と収支　　182
　6．プロトン収支と物質動態　　184
　7．土壌をめぐる物質動態と環境問題　　187

第14章　河川の構造と森林（愛媛大学・井上幹生）　　189

　1．川は森から流れでる　　189
　2．森林の景観，河川の景観　　189
　3．魚類の生息環境を調査する　　192
　4．河川構造の階層性　　196
　5．河川景観にみられる森林と河川の相互作用　　200

第15章　森と川のつながり：河川生態系における河畔林の機能
　　　　　　　　　　　（北海道立林業試験場・佐藤弘和）　　206

　1．見直される河畔林　　206
　2．サクラマス：生活史と生態調査　　207
　3．河川水温に影響を与える河畔林　　209
　4．カバー機能をもつ河畔林　　212
　5．餌供給源としての河畔林　　214
　6．河川生態系に及ぼす河畔林の諸機能　　215

引用・参考文献　　219
索　引　　231

第 I 部

木の花・果実

森の木々は，春になり気温があがってくると花を咲かせる。温帯林ではサクラ，コブシなどが，そしてハクウンボク，ホオノキ，ハリギリなど多くの樹木が，春から夏にかけて開花する。気温が年中一定している熱帯でも樹木はいっせいに花を咲かせることが多い。気温はたしかに開花のシグナルとして重要であっても，開花時期を決めているのは気温以外の要因であるかもしれない。花を咲かせることは，受粉して種子をつくることであるから，花粉媒介の成功が花を咲かせる樹木にとっては一番重要である。百瀬邦泰(第1章)はボルネオ島の湿潤熱帯雨林において樹木の個体ごとにいつ開花して結実するかを継続観察してきた。多くの樹木は間隔をおいて，ある時期に一斉開花する。開花時期の間隔は樹木の種類によって異なっていて，花粉媒介をする媒介者が特定の植物を訪花するスペシャリストかどうか，樹木が高木であるか低木であるかなどによってかわることが観察されている。花をまとめて咲かせるのは，気まぐれやの媒介者を引きつけるのには有効だろうし，スペシャリストにはとくに有効ではないだろう。咲かせる量は樹木の光合成生産量に，生産物をどれだけ貯められるかは開花の間隔に影響される。このような要素を，百瀬は数学モデルに組みこんで説明してみせる。数式の部分をとばしてもよいから，推論の進め方を楽しんでもらえればよい。温帯林で咲くハクウンボクも花の咲かせ方によって結実量が左右される。花序の大きさや単木につく花の数が媒介者に対するディスプレイの効果をあげる。周囲の木と同調して咲くことによってもディスプレイの効果をあげている(第2章，加藤悦史)。種子を稔らせるのだって，ほかの個体と同調していっせいにならせることにディスプレイの意味がある。それは種子を鳥が運んでくれる場合である(第4章)。渡り鳥によって果実が食われ，種子が運ばれる例が木村一也によって紹介されている。種子は遠くへ運ばれた方が，定着できる可能性が高いのだろうか。これは自明のこととして暗黙のうちに了解されてきたが，疑ってみる価値はありそうだ。柴田銃江(第3章)は種子散布の意義についての仮説を紹介し，自分たちのデータを使って検証している。

第1章 熱帯雨林における植物の開花・繁殖様式

京都大学・百瀬邦泰

1. 混交フタバガキ林の開花周期

　熱帯雨林にひじょうに多様な生物が生育していることは，繰りかえし指摘されてきた。東南アジアの場合，熱帯域のなかでもとくに，マレー半島，スマトラ，ボルネオの低標高地の丘陵林は，混交フタバガキ林(mixed Dipterocarp forest)とよばれ，ほかのタイプの熱帯雨林よりもさらに突出した生物多様性を誇っている(Whitmore, 1984； Ashton, 1991)。Ashton(1991)は，混交フタバガキ林の特徴を3点あげている。(1)多くの熱帯雨林(たとえばクラ地峡より北の熱帯雨林)では毎年の乾期に実生の死亡率の増大がみられるのに対し，混交フタバガキ林では実生の死亡率の増大をもたらす乾燥は数年に一度しかない。(2)植物が1年周期で開花するのではなく，多くの林冠構成種が不規則な長い周期で同調的に開花する(この現象を一斉開花とよぶ)。(3)同所的にひじょうに多くの近縁種がみられる。

　混交フタバガキ林では，先に述べたように，多くの植物は1年周期で開花するわけではない。それでは植物はどういう周期で開花するのだろうか。私は，故・井上民二教授らとともに，サラワク(ボルネオ島)のランビル国立公園で，植物の個体ごとにいつ開花して結実するかを継続観察してきた(写真1)。その結果つぎのようなことがわかった(Sakai et al., 1999b)。開花時期は種内で大変よく同調する。開花周期は種ごとにいろいろで，ほぼ連続的に

写真1 植物の開花,結実の季節性の調査

咲くものから,これまでの5年間の調査期間中に一度しか咲かなかったものまである。それぞれの種で,開花の間隔はつねに一定というわけではなく,不規則である。数年に一度というような長めの繁殖間隔をもつ種は,バラバラに咲くのではなく,同時期にまとまって開花する傾向がある。また,比較的長い繁殖間隔をもつ種が開花する時期には,より短い繁殖間隔をもつ種も同時に咲いていることが多い。いいかえれば,短い繁殖間隔をもつ種は,一斉開花にも参加するし,それ以外の時期にも頻繁に咲く。

赤道低地では気温が20°Cを下まわるということはほとんどない。ところが一時的に最低気温が18°Cくらいまで下がることが数年に一度ある。Ashton et al.(1988)は,この低温パルスが一斉開花のトリガーとなっているらしいという仮説を発表した。この低温パルスは,エルニーニョ南方振動という,2〜10年の不規則な気候サイクルと部分的に関係している。したがって一斉開花が2〜10年の不規則な間隔で起きることが,この仮説でうまく説明

される。大規模な開花に先立って低温パルスがみられることはすでに確認されており(Sakai et al., 1997)，現在ではさらに，大規模な野外実験によってこの仮説を検証しようという計画がある。安田(1998)はこの仮説を拡張して，繁殖間隔の長短は，開花トリガーとしての低温の閾値に対応するのではないか，という考えを述べている。ちょっとした低温でも開花が誘導される種は頻繁に咲き，強い低温パルスでのみ開花が誘導される種は一斉開花のときだけに咲く，というのである。開花間隔の短い植物の開花トリガーに関しては，ほかにもさまざまな可能性があり，実証研究が待たれるところである。

2. 植物の繁殖間隔，繁殖様式，生活形のあいだの関係

つぎに，植物の繁殖間隔と，林の階層やハビタットのあいだにどのような関係があるかをみていこう。熱帯雨林のほとんどの顕花植物は，動物によって花粉が媒介される。どのような動物によって媒介されるのかということは，繁殖様式の重要な要素である。私が参加した井上教授らのプロジェクトでは，植物の花粉媒介者を調査するのに大きな労力を払ってきた。その結果，旧世界の熱帯雨林で初めて群集レベルで花粉媒介者の全体像が明らかになった(Momose et al., 1998b)。

送粉者のタイプは12種類(哺乳類，鳥，小型社会性ハナバチ，オオミツバチ，クマバチ，コシブトハナバチ，コハナバチ，ハキリバチ，チョウ，ガ，コウチュウ，多様な小型昆虫)に整理されたが，そのうち小型社会性ハナバチによって送粉される植物種が24%ともっとも多く，コウチュウ媒の植物種が20%でそれに続いた。送粉システムは，開花時間，報酬，花の形状などによって規定されていた(表1)。

熱帯雨林は，垂直方向に複雑な構造をもっている。ランビルの場合，林の高さは70 mに達し，5つの階層を認めることができる。林の階層を上から突出木層，高木層，亜高木層，低木層，林床とよぶことにする。植物の繁殖間隔と林の階層やハビタット(ここではギャップと閉鎖林分の区別をとりあげる)のあいだには，つぎのようなパターンが認められた(Momose et al., 1998a)。

表1 サラワク、ランビル国立公園でみいだされた送粉様式(Momose et al., 1998bより)

送粉者	性表現*	開花時間	報酬	匂い*2	形	送粉者以外の排除法*3
哺乳類	両	夜	蜜、花冠	3	さまざま	開花時間、特殊な報酬
鳥	両	昼	蜜	1～3	唇状、管状、破裂開花	長い花管、昆虫では開けられない花弁
社会性ハナバチまたは多様な小型昆虫	両、単	昼(夜)	蜜、花粉	1～3	ブラシ状(小)、車状、碗状	特になし
クマバチ	両	昼	蜜、花粉	1～2	蝶状(大)、他	舟弁、あるいは特になし
コシブトハナバチ	両	昼	蜜、(花粉)	1	唇状(中)	長い花管
コハナバチ	両	昼	蜜、(花粉)	1	唇状(小)	長い花管
ハキリバチ	両	昼	蜜、花粉	1・2	蝶状(小)	舟弁
チョウ	両	昼	蜜	1	ブラシ状(大)、管	細長い花管
ガ	両、(単)	夜	蜜	3	ブラシ状(大)、管	細長い花管、開花時間
コウチュウ	両、単	昼夜通じて開花	蜜、花弁、蜜以外の液体	3	車状、釣鐘状、チャンバー状	小さな入り口、特殊な報酬

* 個体レベルでの性表現。両は両全性または雌雄同株、単は雌雄異株。
*2 1は人にとって匂いなしまたはわずか、2は中間、3は強い。
*3 適切な送粉者以外にとくに数の多い社会性ハナバチや多様な小型昆虫が報酬を盗るのを防ぐ機構。

表2 植物の生息環境，森林の階層と，花粉媒介動物(Momose et al., 1998a より)

植物の種数	ギャップ 45	林床植物 58	低木 38	亜高木 49	高木 28	突出木 22
総粉者(植物の種数：%)						
脊椎動物	18	0	3	22	4	0
昆虫(スペシャリスト)	36	53	3	4	0	5
昆虫(それ以外)	47	47	95	73	96	95
スペシャリストの内訳(植物の種数)						
コシブトハナバチ	5	12	0	0	0	0
コハナバチ	5	13	1	1	0	0
クマバチ	6	0	0	1	0	0
チョウ，ガ	0	6	0	0	0	1

観察結果(1)

スペシャリスト(特定の植物を選択して巡回訪花する送粉者)によって送粉される植物は，林床とギャップにみられ(表2)，連続的に，または短い周期で頻繁に繁殖する。

観察結果(2)

ジェネラリスト(スペシャリスト以外の送粉者)によって送粉される植物は，比較的長めの繁殖間隔をもつが，繁殖間隔は林床植物でもっとも短く，低木層の植物がそれにつぐ。亜高木層と突出木層の植物はもっとも長く，高木層の植物は亜高木層と突出木層に比べるとやや短い繁殖間隔をもつ(図1)。

観察結果(3)

ジェネラリストのうち，社会性ハナバチは林床にはひじょうに少ない。林の中間層に多く，最上層ではやや減少する(図1)。

これらの観察結果は送粉者誘因の効果の違いに注目することで統一的に説明できる。

送粉者の行動様式

送粉者の行動様式には3つのタイプがある。第一のタイプである気まぐれ屋(オポチュニスト)は，ふだんは交尾相手，産卵場所，花以外の資源などを探索しているが，たまたま花があればやってくる。こんな頼りない連中が送粉者の役割を果たすのだろうかと思われるかもしれないが，植物はとにかく

8　第Ⅰ部　木の花・果実

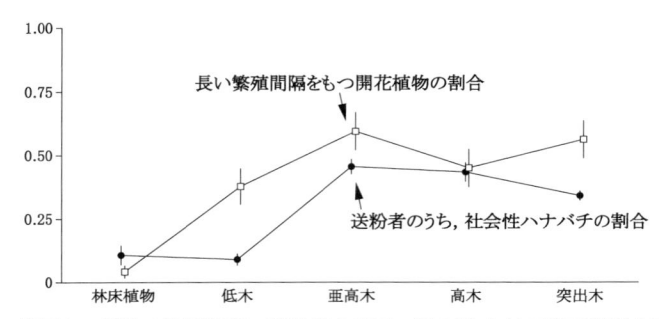

図1　林の階層と，植物の開花間隔，送粉者の内訳。□：53カ月の調査期間中に1回しか開花しなかったものの割合，●：花の上で採集された昆虫のうち，社会性ハナバチの個体数の割合

数を頼んで送粉の確率をあげるのである。後に述べるような理由で，混交フタバガキ林は，花だけに頼っている動物にとっては大変すみにくい場所である。したがって気まぐれ屋を頼りにしている植物は意外に多い(Momose et al., 1998ab)。

開花個体の花の数を f，開花個体からの距離 ρ におけるにおいの強さを g とすると，においは花の数が多いほど強いが，距離が遠くなるほど弱くなるから，

$$g = Bf/\rho \quad (B \text{ は比例定数})$$

となることが知られている。

気まぐれ屋は閾値 (G) を超えた花のにおいを感知したときに花に引き寄せられるとしよう。花に引き寄せられる昆虫の開花個体からの最大距離 R は，

$$R = Bf/G$$

開花個体に訪れる送粉者の数を n とすると，

$$n = HR^3 \quad (H \text{ は比例定数})$$

花あたりに訪れる送粉者の数を D とすると，

$$D(f) = n/f = H(B/G)^3 f^2$$

これを整理して

$$D(f) = Cf^s \quad (C, s \text{ は定数}) \quad (\text{式1})$$

とおく。直前の式では $S=2$ だが，ここでは考慮していない諸要因を考え，

より一般的な式とする。

　第二のタイプである社会性ハナバチは，各コロニーが，開花個体の資源量をかなり正確に把握して働きバチを動員する。その結果，花あたりの送粉者数は一定となる（理想自由分布）。ただし，あまりに資源の乏しい開花個体は無視される。なぜなら，探索係のハチは，乏しい資源に出会ったときにいちいち巣へ帰って報告していては，時間の無駄だからである。したがって，

$f<f_0$ のとき $D(f)=0$，$f>f_0$ のとき $D(f)=K$（f_0，K は定数）（式2）

　第三のタイプであるスペシャリストは，特殊化した花のみを訪花する。各個体が丹念に花を探しまわる結果，花あたりに訪れる送粉者数は一定となる（理想自由分布）。つまり，

$D(f)=L$　（L は定数）　　　（式3）

開花間隔

　開花間隔を x とすると，一度に咲かせる花の数 f は，そのあいだに蓄積された資源量に比例すると考えられる（植物が成熟した後，生産力はかわらないとする）ので，

$f=Ax$（A は植物の生産力を表わす定数）

　一方，植物は，長い間隔をおいて繁殖すると，途中で死んでしまう危険があり，生涯で生産する花や実の数が減ってしまう。以下でこのことを考慮する。

　植物が繁殖を開始してから t だけ経過したときに生存している確率 l は，

$l(t)=e^{-mt}$（m は死亡率）

生涯の繁殖回数 E は，

$E=\Sigma_i l(ix)=e^{-mt}/(1-e^{-mt})$

　進化生態学では，生物は生涯で可能な限り多くの自分の遺伝子を次世代に伝えるように，形質を進化させてきたと考える。今の場合であれば，生涯でもっとも多く送粉者を誘引するように形質（ここでは開花間隔 x）を進化させてきたと考える。生涯で誘引された送粉者数を y とすると，

$y=EfD(f)=D(Ax)Axe^{-mt}/(1-e^{-mt})$　　（式4）

　この y を最大にするような x の値が進化の過程で実現されたと考えるの

である。

最適繁殖間隔

もし，気まぐれ屋しかいないとき，y は式1を式4に代入して得られる。これを最大にする $x(x_{opt})$ は，

$$x_{opt} = \alpha/m,$$

ただし α は，$e^{-\alpha} = 1 - \alpha/(s+1)$ の解。したがって x_{opt} は，樹木の死亡率 (m) だけに依存する。

一方，社会性ハナバチしかいないとき，式2，4より，

$$x_{opt} = f_0/A$$

したがって x_{opt} は，樹木の生産力 (A) だけに依存する。

実際には，特殊な形態をもたない花は，気まぐれ屋と社会性ハナバチの両方から訪花され，x_{opt} は A の値に応じて図2A〜Cのように決まる。

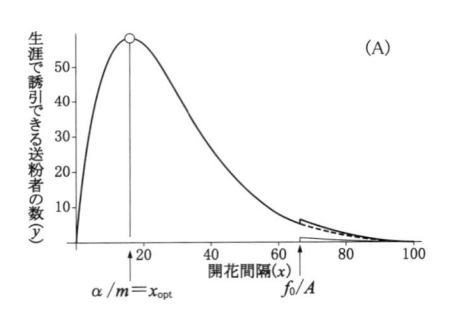

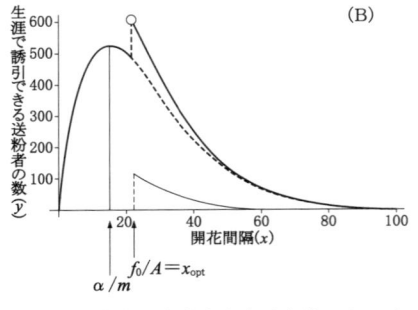

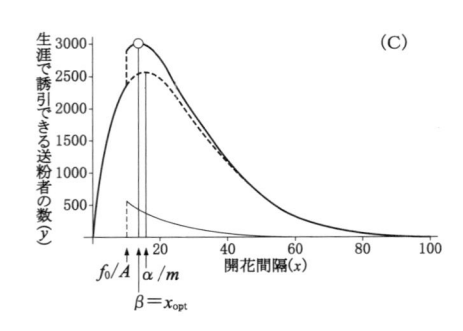

図2 植物の生産力 (A) が変化したときの，最適な開花間隔 (X_{opt}) の変化。A：生産力が小さいとき，B：生産力が中程度のとき，C：生産力が大きいとき

林の階層と生産力，死亡率

　林の上の階層へいくほど樹木は多くの光をうけることができるので，生産力は急激に大きくなる。一方，死亡率については，林の上の階層ほど小さいことがわかっている(Manokaran and Kochummen, 1987)。ただし，階層間での違いはせいぜい数倍で，生産力のように10の何乗倍という違いではない。

　ここで，林の階層によってx_{opt}がどのように推移していくかみてみよう。最下層では生産力(A)が小さく，図2Aのように，

$$x_{opt} = a/m$$

である。上の階層へいくにつれ，しばらくは繁殖間隔(x_{opt})は増加する(図3の矢印1)。なぜなら死亡率(m)が減少するからである。この段階では，気まぐれ屋だけが花に訪れる。

　ところが，さらに上の階層へいき，生産力(A)が増加すると，繁殖間隔(x_{opt})は図2Bのように，

$$x_{opt} = f_0/A$$

へシフトする(図3の矢印2)。その後しばらくは，上の階層へいくにつれ繁殖間隔(x_{opt})は減少する(図3の矢印3)。なぜなら生産力(A)が増加するからである。この段階では社会性ハナバチと気まぐれ屋の両方が花に訪れる。

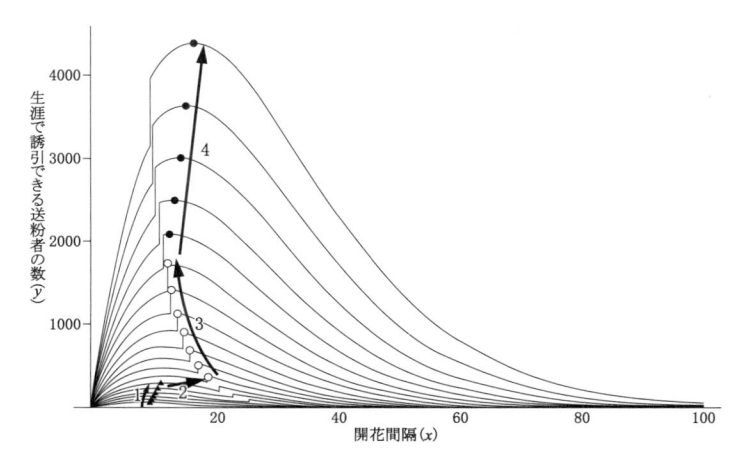

図3　林の各階層における植物の最適開花間隔。矢印は本文の説明を参照。

さらに上の階層へいくと，図2Cのような状態になる。x_{opt} は，図2Cに示した β の値をとるが，生産力 (A) が十分大きいと β は，α/m に近い値となる。したがって最上階層では，繁殖間隔 (x_{opt}) は，死亡率 (m) が減少する効果で再び増加する（図3の矢印4）。このとき，社会性ハナバチと気まぐれ屋の両方が花を訪れるが，社会性ハナバチの割合は，図2Bの状態に比べて減少している。このようにして，観察結果(2)と(3)は，関連づけて理解されるのである。

スペシャリストによって花粉媒介される条件
　植物はどのような条件下で，特殊化した形態をもち，スペシャリストによって花粉媒介されるように進化するのであろうか。
　スペシャリストが送粉者となっているとき，式3，4より，y は減少関数となる。したがって
$$x_{\mathrm{opt}} = 0$$
すなわち植物は連続的にいつでも繁殖する（実際には水分ストレスがかかったりして繁殖が途切れることはある）。生涯で誘引することのできる送粉者の数 (y_1) は，
$$y_1 = y(x=0) = AL/m$$
　一方，気まぐれ屋によって送粉されたときに生涯で誘引することのできる送粉者の数 (y_2) は，
$$y_2 = y(x=\alpha/m) = (A\alpha/m)^{s+1}(s+1-\alpha/\alpha)$$
　スペシャリストによって花粉媒介されるように植物が進化するための必要条件は，$y_1 > y_2$，すなわち，
$$m/A > \alpha(s+1-\alpha/L)^{1/s}$$
　この結論は，死亡率 (m) の大きいギャップや，生産力 (A) の小さい林床でスペシャリストによって花粉媒介される植物が多いこと，それらは，連続的ないしは，短い繁殖間隔で繁殖するという観察結果(1)に合致する。

3. そのほかの仮説

　Janzen(1974)は，一斉開花の進化要因を種子捕食者飽食仮説に求めた。種子捕食者を共有する植物が長い間隔をおいて同調的に繁殖すると，種子が食われつくされずにすむ。だからこのような開花様式が進化してきたのだという仮説である。Ashton et al.(1988)もそれを取りいれて議論を展開している。もしこれが植物の繁殖間隔を決定する主要な進化要因だったとすれば，一斉開花のときだけに繁殖する植物は共通の種子食害者をもつが，より頻繁に繁殖する植物は，その種子捕食者によって種子を食われないように，何らかの防御システムをもっているはずである。ところがそのような傾向はまったく認められない。一斉開花のときだけに繁殖する植物のなかには，齧歯類や偶蹄類の好物となる種子をつくるものだけでなく，ランのように芥子粒より小さな種をつけるもの，果実が動物に食われて種子が散布されるが種子自体は物理的あるいは化学的に防御されているものなどいろいろなものが含まれる。より頻繁に開花する植物についても同様である。花粉媒介システムの場合と異なり，種子の被食防御システムは，植物の繁殖間隔とはあまり対応していない。

　Janzenらは，種間の同調を適応論で説明しなければならないと考えたようだ。植物は，何らかの開花刺激を用いて，種内で開花を厳しく同調させなければならない。開花間隔が長い場合，そのために用いることができる信用のおける開花トリガーは限られてくる(低温パルスはその有力候補)。長い繁殖間隔をもつ多くの種が同じトリガーを採用しなければならないのなら，開花がそれらの種間で同調するのはあたり前で，種間の同調的開花に適応的な意味づけをする必要はない。しかし，ある植物が長い繁殖間隔をもち，別の植物は短い繁殖間隔をもつという現象の背景には，何らかの進化的な要因があると考えられる。現在のところ私は，先ほど紹介した送粉者誘因の効果というのがもっとも有力だと考えている(Momose et al., 1998a)。

　しかしながら，植物の繁殖間隔が，現在の条件下では最適なものになっていないという可能性は残される。最近の数万年のあいだに，気候はかなり変

動している。エルニーニョ南方振動のような現象が今と同じ周期で起きていたとは思えない。最終氷期のころ，縄文海進のころと現在では植物が違う周期で繁殖していたのかもしれないのだ。私たちは，気象学者と協力して，近過去の熱帯雨林の開花様式を再現できないかと考えている。同時にこれは，温暖化が進行したときに，植物の繁殖様式の変化を通じ熱帯雨林がどう変化するのか，という予測を立てる作業にも結びつく。

4．動物の対応

　湿潤熱帯は1年中高温多湿であり，一見，資源量は安定しているようにみえる。ところが，年中花が咲き乱れている，というわけにはいかない。今まで述べてきたような植物側のつごう，つまり繁殖における進化的要因や，大きな気象サイクルと結びついた開花生理における制約のため，花や実の量は大きく変動する。しかもその変動の周期がずいぶん長く，不規則で予測性がない。植物の花や実に頼っている動物にとっては，混交フタバガキ林というのはじつにシビアな環境なのである。このような予測性のない変動に，動物はどのように適応しているのだろう。植物がいっせいに開花するということは，送粉者の不足を招く。花の急激な増加に対応できる送粉者がいなければ，植物はうまく繁殖できないだろう。そのような送粉者はいるのだろうか。
　マレー半島のパソーではフタバガキ科の一部のグループで，アザミウマという微細な昆虫が送粉をしていたという（Appanah and Chan, 1981）。アザミウマは世代時間が短く，一斉開花が始まると急激に個体数を増加させる。この増殖力によって花の急激な増加に対応できるのだ。
　これとは別の方法で花の急激な増加に対応している昆虫がいることが私たちの調査でわかった。まず，マレー半島でアザミウマが送粉していたフタバガキは，サラワクでは，ハムシ，とくに *Monolepta* 属を主体とするコウチュウがおもな送粉者であることがわかった（Momose et al., 1998b；Sakai et al., 1999a）。フタバガキの花で花弁を食べて送粉に寄与していたハムシは，じつは一斉開花以外の時期には，フタバガキの葉で採れているものであった。つまりハムシは，食物を葉から花へシフトすることで，急激に増加した花の

送粉に寄与していたのである。

　一斉開花においては，ほかの多くの植物で，オオミツバチが重要な送粉者であった。オオミツバチは，ほかの社会性ハナバチと比べてはるかに頻繁にコロニー(巣)を移動させる。一斉開花というハチにとってのかきいれどきが終わると，社会性ハナバチたちのコロニーは，途端に家計が苦しくなる。オオミツバチは，コロニーの維持コストが高いハナバチであり，花の多い林でないとやっていけない。そこで彼女らは花の少なくなった林に留まることはせず，別の林を探して飛びたっていく。その移動距離は数百キロに及ぶという。冒頭に紹介したように，周囲には混交フタバガキ林以外のさまざまな植生がある。また同じ混交フタバガキ林でも場所によって一斉開花の起こる時期には違いがある。つまりオオミツバチは，移動性によって花の急激な増加に対応している昆虫である。一斉開花時の重要な送粉者であるオオミツバチが生きていくためには，そしてオオミツバチに送粉を委ねている多くの植物種が存続するためにも，広範囲の多様な林が残されていることが必要になる。これと似たことがあてはまる例はほかにもある。P. S. Ashton(私信)によれば花粉媒介性のコウモリは，数十キロ程度の範囲の多様な植生を利用しているという。

5．断片化の影響

　今紹介した2例は，花資源の不規則な変動に動物が比較的うまく適応している例である。一般には，資源量の不規則な変動は，それを利用する生物の個体群の不安定性を増し，絶滅の確率をあげる(Iwasa and Mochizuki, 1988)。そしてそのような効果は，個体群のサイズが小さくなると，飛躍的に大きくなる。したがって，現在のように林の断片化が進むと，いとも簡単に動物がいなくなってしまう。また，局所的な絶滅が起こっても，よそからの移入が可能であればまた個体群が回復するが，孤立した林では回復のみこみもない。混交フタバガキ林というのは，資源量の不規則な変動のために，林の断片化の影響がきわめてでやすい林なのだということを強調しておかなくてはならない。その影響はまず，花や実を利用する動物にでるが，それら

の動物からサービスをうける植物に影響は跳ね返り，さらには，植物から始まる食物連鎖全体に影響が及ぶ恐れさえある。

　たとえば，東南アジア産のトロピカルフルーツを思いうかべて欲しい。ドリアン・ジャックフルーツ・マンゴーなど，果物自体も大きいし，なかにある種子も大きい。これらは野生状態では主として大型霊長類に果肉を食べてもらうことで種子の散布をしている植物である。熱帯の原生林ではこれらの仲間のほかにも，かなりの種数の植物が大型霊長類に種子の散布を委ねている。ところが森林の断片化と鉄砲による狩猟のためにオランウータンをはじめ大型霊長類は絶滅の危機にある。私たちが調査したランビル国立公園にも大型霊長類はいない。ここでは植物がふんだんに栄養分をつぎこんだ贅沢な果物が，だれに食われることもなく親木の真下で空しく腐ってゆく。当然，次世代の植物は親の真下でしか発芽できない。このように種子散布に多大なコストを払っておきながらも種子が散布されなくなった植物はいずれ衰退に向かうということが危惧される。

　今後，熱帯雨林の生物多様性を保全していく際，原生林を破壊しないというだけではもはや十分でない。すでに原生林の断片化が進行してしまった現在，原生林を取りまく林や原生林どうしを結ぶ林を保全することが重要である。現地のハンター（サラワク州の Sg. Liam, Miri および Ng. Lijan, Julau のイバン族の方々）から聞いた話によれば，多くの大型動物も，オオミツバチのように植物のサイクルに合せて長距離を移動する（正確には移動していた）という。オオミツバチが空中をすばやく移動するのに対し，大型動物は，餌をとりながら林のなかを移動する。林の分断が進んでから目にみえて大型動物は減ったそうだ。大型動物のなかには上位捕食者や種子散布者など林の要となる種が含まれている。したがって林の連続性を確保することで，大型動物の個体群が維持されやすくなり，ひいてはほかの生物の保全にもつながる。また，原生林からの生物種の移入によって，隣接する二次林などの生物多様性もやがて部分的であれ回復することが期待できる。そして，林を連続させてこのような移入の可能性を確保しておけば，長期的には生物種の絶滅の危険をかなり軽減することができる。今後は，原生林を取りまく林や原生林どうしを結ぶ林を，こうした役割を十分担えるように整備する方法を提案

していかなくてはならない．そのためには生物間の相互作用，生物の空間利用様式，生物の拡散と絶滅確率に関する研究を進める必要がある．これらは今後，生物多様性保全に対し，生態学からの貢献が求められるもっとも重要な問題であると考える．

第2章 冷温帯落葉広葉樹林における樹木の開花と結実

北海道大学・加藤悦史

　冷温帯落葉広葉樹林では春の雪どけ後から夏までに，森林を構成するさまざまな種の樹木の開花が連続的に進んでいく。北海道の森林では，春の訪れとともにまず真っ白なキタコブシの花をみることができる。それにすぐ遅れてイタヤカエデが黄色い花をつける。これらの種はまだ葉が開ききってしまう前に開花をするため，花をみつけることは比較的簡単である。もし双眼鏡があれば高いところに咲いている花をある程度は詳しく眺めることもできる。しかし落葉広葉樹林の春はあっという間に過ぎてしまい，森林が葉をびっしりと繁らしている期間に開花を行なう樹木の花を林床からみることはほとんど不可能になってしまう。もちろん，木登りをして観察することは可能ではあるが，一般にはアプローチが難しいということもあり，樹木，とくに高木種の花の生態学はその重要性の割に意外と多くはなされてこなかったのである。また樹木の繁殖についての研究が難しい別の理由には，繁殖の程度（開花量と結実量）の年変動が比較的大きな種が多いということがあげられる。極端な例ではミズナラなどでは豊凶といった現象が知られている。年変動の大きさを考えると，少ない年数での研究では十分に現象をとらえることができないのである。また多くの種のまじった森林では，空間的にも個体の分布や光条件などの環境条件が不均質であるために，ある程度の広さをもったプロットで統計的に十分な個体数を用いた研究が必要である。このように樹木の繁殖生態学というのは調査において物理的な困難さがともなうわけであるが，しかし個体群，群集の動態に大きな影響を与える種子の生産量を決定す

る要因を知るうえでは，林冠で起きている花粉媒介とその後の種子の成熟過程の制限要因についての研究が必要なのである。またそれ以上に，これまであまり観察されてこなかった林冠での樹木の生活と生物の相互作用を理解するといった楽しみがあるわけなのだが。

1. 林冠へのアプローチ法

ここではまず樹木の開花結実の研究に必要な林冠へのアプローチ法について簡単に触れてみる。この10年間で，おもに熱帯林での研究によって林冠へのアプローチ法は飛躍的に発達してきた(Lowman and Wittman, 1996)。フランスの研究者による〝空飛ぶいかだ〟は有名であるし，また林冠ウォークウェイとよばれる木と木のあいだをむすんだ吊橋の利用はよく知られていると思う。最近では林冠クレーンも世界中で建設されており，現在，ワシントン州のウィンドリバー，オーストラリアのクイーンズランド，ベネズエラのスルモニ，パナマ，そして北海道の苫小牧に大型の林冠観測用クレーンが存在している。これらのクレーンには観測用のゴンドラがぶら下がっており，アームの届く範囲であれば観測者の自由に，また安全に移動できるためひじょうに強力な道具となっている。しかしこれらの方法は費用がかかり，設置が大変であるという点でどこでも可能な方法であるというのは難しい気がする。もう少し簡単なものでは，林冠観測用の足場(筆者が調査を行なっている北海道大学苫小牧演習林ではジャングルジムともよばれている)を立てるということがよくある。足場を使う利点は，森林内のどの階層にも同じように到達して調査が行なえる点であり，もっとも詳しく林冠の調査が行なえる方法だと思う。しかし調査可能な個体数が限られるという点で，ある程度の数の足場を立てるのでなければ個体群レベルの研究を行なうことは難しい。こうした大がかりな道具を使って林冠へアクセスすることも可能であるが，個人で行なう場合には，単純に木登りという方法が手っとり早い。木登りといっても，近年，生態学においても登山や岩登りの道具(ユマールとよばれるアッセンダーやハーネスなど)と技術を導入することにより，安全に木に登って調査することが可能になっている。個体あたりのサンプル量は少しで

よいが多くの個体を調査しなければならない場合には，木登りという方法は有効であると筆者は考えている。また多くの個体数を必要とする場合，最近では車輪のついた移動式のクレーンを用いることにより，調査を可能にした研究例もある (Bassow and Bazzaz, 1997)。

　筆者が行なっている木登り法について少しだけ触れてみる。枝下の高い個体の樹冠部まで到達するには幹をつたって登るのはかなり困難なため，アッセンダーを使いロープを登っていく方法を用いている。これはユマーリングとよばれる方法である。この方法によって登るためには，とにかく高い枝にロープがかかってなければならない。ひじょうに原始的ではあるが，筆者は釣のリールと竿に糸を通し先に重りをつけて，それをパチンコで生枝下の少し上の枝めがけて飛ばして紐がけを行なっている。慣れが必要であるがかなりの確率でかかるようになるものである。その後，細い紐から登山用のロープにかけ直し，一方の端を近くにある太い木の幹にしっかり結びつければ，もう一方に垂れている端からアッセンダーを使って登ることができるわけである。このロープがけは，春先，まだ調査が本格的に始まる前の葉が繁っていない時期であれば比較的簡単に行なうことができるのだが，その時期を過ぎてしまうとなかなか大変な作業になってしまう。

　ユマーリングである程度の枝まで登ることされできれば，それより上には多くの枝があるので順々に登って林冠部まで簡単に到達できる。このとき必ず確保をとり，絶対に体がフリーにならないようにすれば，樹上でも安全に移動し調査を行なうことができる。林冠での作業が終われば後は降りるだけで，これは登るのに比べればずっと簡単である。8環というリングをロープに絡ませ，懸垂下降によって安全に降りることができる。樹高の高い個体ではこのようにロープをかけて調査を行なうが，生枝下の低い個体や，ロープに体重をかけるのが危険な林冠層まで達していない個体を調査する場合は，一本梯子という林業用の軽い梯子を個体の幹にそわせて立てかけ，それによって生枝下まで到達する。このようにして，一個体一個体の調査を行なっていく。

2. 冷温帯落葉広葉樹林でのハクウンボクの開花，結実について

　この節では樹上へのアプローチが比較的容易な亜高木の例について話を続けよう。北海道の太平洋側および内陸部にはハクウンボクというエゴノキ科の亜高木が落葉広葉樹林内に生息している。この樹木は真っ白な美しい花をたくさん開花させることで知られていて，街路樹として，または庭などに植えられることもある。花は1本の軸上に1〜30個並んで咲き，花序を構成している(写真1)。その花序は繁殖を行なう当年生シュートの頂端につく。北海道では訪花昆虫はほとんどがマルハナバチである。またハクウンボクの開花量は年によって大きく異なり，その変動は個体間で同調することも知られている。筆者らは，まず最初にハクウンボクの大きな花序に注目し，花序あたりの花数が昆虫の訪花パターンに影響を与えているのではないだろうかと考え，野外の自然個体群におけるハクウンボクの開花，結実パターンの研究

写真1 ハクウンボクの花序

を始めることにした。

結実を制限する要因についての一般的な仮説

草本植物において訪花昆虫に対する花序のディスプレイサイズの効果，つまり，花序サイズ(花序あたりの花数)の増加に対し，花あたりの訪花頻度，そして結果率(咲いた花あたりの結実した果実の割合)あるいは結実率(胚珠あたりの結実した種子の割合)が比例して上昇するのかどうかといった研究がこの20年ほどのあいだ行なわれてきた(Willson and Price, 1977；Schaffer and Schaffer, 1979；Schoen and Dubuc, 1990；Emms et al., 1997)。これらの研究は，なぜ植物個体はひじょうに多くの花をつけるのに結実する花の割合は低いのか，という疑問に対する仮説検証の流れのなかで行なわれてきた。

結実率あるいは結果率の低さを説明する仮説には，究極的な要因に関するものと至近的な要因に関するものの大きく分けて2つが存在している(菊沢，1995)。究極的な要因とはつまり進化の道筋でそのような形質がつくりだされた選択圧についての仮説であり，至近要因とは，この場合開花から結実のプロセスのなかで制限になっている要因のことである。究極要因としては簡単に述べると，(1)たくさんつけた花や胚珠のうち，優れたものを選択的に結実させるという selective abortion 仮説。(2)結実はしなくてもその花は雄として，つまり花粉親として貢献しているという male function 仮説。(3)資源量の変動に対するバッファーとして多くの花をつけているという bet-hedging 仮説，という3仮説がこれまでにあげられてきている。至近要因に関しては広義の意味での花粉制限(花粉の量の制限と花粉の質による制限)と資源制限に分けられる。もちろんこのほかに植食者による制限も考えられる。これらの結実成功に対する制限が野外のハクウンボク個体にどのようにかかわってくるか，以下にそれぞれ検討し仮説を立ててみる。

ディスプレイサイズの効果：花序，個体，個体の集りという階層性

実際に結実を制限する要因を明らかにするために，まず花粉制限に関して考えてみる。これまでになされた研究から，ディスプレイサイズによる訪花

昆虫への誘因効果によって，花あたりの訪花頻度を上昇させる場合のあることが知られているが(たとえばSchaffer and Schaffer, 1979)，逆にそのような効果はなく花あたりでの訪花頻度が相対的に下がってしまう場合も報告されている(Geber, 1985)。

また訪花昆虫を介した結実に対するディスプレイサイズの影響は，このような花あたりの訪花頻度を変化させる効果のほかにも，花がまとまっていることにより隣花受粉が増加するため，自家受粉の割合を増やすことも考えられる。隣花受粉とは同一個体内の花のあいだで花粉が受け渡されて行なわれる受粉のことであるが，花序サイズが大きくなれば，訪花昆虫がその花序内で連続的に訪花する可能性が高くなるために，隣花受粉の割合が高くなると考えられる(Klinkhamer and de Jong, 1993)。この隣花受粉の結実に対する影響はその植物が自家和合性か自家不和合性であるか，つまり同じ個体内の花の花粉で受精できるかどうかによって大きく変化することになる(de Jong et al., 1992)。ハクウンボクは自家不和合性を示すため(Tamura and Hiura, 1998)，隣花受粉による自家受粉の影響は大きいと予測される。

ここで訪花頻度と隣花受粉の程度の変化による，ハクウンボクの結実に対するディスプレイサイズの効果を考慮するうえで，森林に成育する樹木という特性上，ディスプレイの単位というものを考えなくてはならないことに気がつく。つまりまず当年生の繁殖シュートだけをみると，個々の花がまとまっている花序がディスプレイの単位になっている。これはこれまでの草本植物の研究でよく考慮されてきた単位と同じとみなせる。

しかし，樹木では個体全体に多くの繁殖シュート，つまり花序が存在するわけだから，個体全体での花序数の違いも，訪花昆虫に対するディスプレイの違いになるはずである。実際，ハクウンボクでは個体によってサイズは異なるため，個体サイズによって個体あたりの花序の数が大きく違う場合，個花に対する訪花頻度あるいは隣花受粉の程度が個体ごとに異なってくる可能性がでてくる。

さらに視点を離してみると，個体の集合もディスプレイをなしていることが考えられる。森林は多種で構成されているため，1つの種の空間的な配置は不均質になりやすいことがある。筆者が調査を行なっている北大苫小牧演

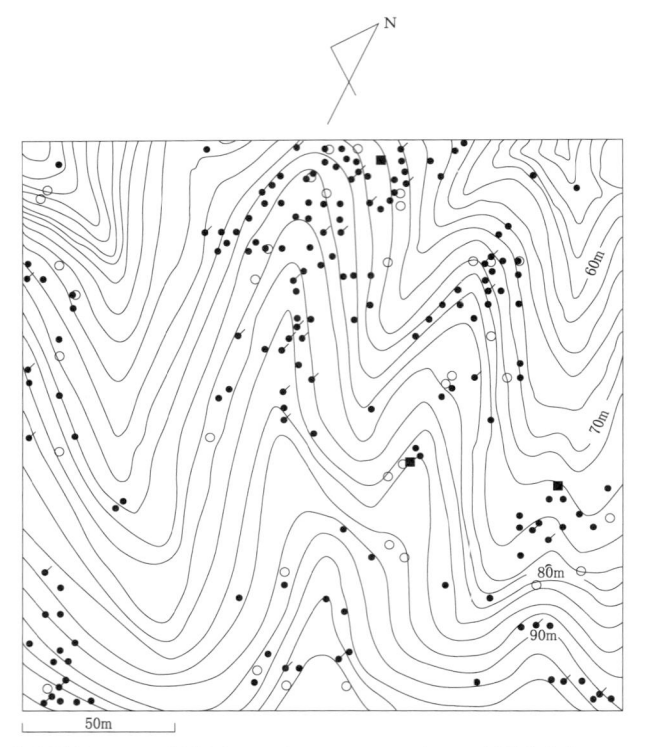

図1 苫小牧演習林の4 ha調査区におけるハクウンボクの空間分布(Kato and Hiura, 1999を一部改変)。●：1995年のみ開花した個体，■：1995年と1996年の両年とも開花した個体，○：1995年と1996年の両年とも開花しなかった個体

　習林の森林ではハクウンボクは集中分布をしており(図1)，開花個体が集中すると訪花昆虫を誘因しやすくなると考えられるし，他家受粉の増加も考えられる。そのために，開花個体の集中している箇所での局所的な開花量も結果率に影響を及ぼす要因として考えなければならないはずである。樹木の個体群で結実に対する局所的な個体密度あるいは開花密度の影響を示した研究例は少ないが(House, 1992)，個体群レベルでみた場合，個体の結実に対して重要なパラメータになると考えられる。
　このように，花数の効果を考える場合，花の集まりの階層性を考慮にいれる必要があるため，それぞれのレベルの花数が結実成功に対して，訪花昆虫

の誘因と隣花受粉の影響を介してどのようにかかわってくるか，検証することにしてみる。

光条件による資源制限の影響

　花粉制限だけでなく，結実成功への資源制限のかかり方についても確かめる必要がある。ハクウンボクは成熟した個体でも，高木層にまで達することはできないため，果実の成熟させるのに必要な十分な光をうけることができない可能性がある。さらに森林の垂直的な構造と水平的な不均質性によって亜高木であるハクウンボクの光条件は個体ごとに大きく異なっていると予想される。よって結実に対する資源制限については，光条件と結実成功に関係があるのではないかと考え，ハクウンボク個体の結実調査を行なう枝上で相対光量子束密度を測定してみることにした。低木種では結実が花粉制限ではなく光の利用可能性に制限されているという報告がある(Niesenbaum, 1993)が，サイズ構造をもつ高木種では，光による資源制限は個体ごとに異なると予測される。

野外個体群での検証

　これまでに述べてきた要因を検証するため，ハクウンボクが大量開花した1995年に，北大苫小牧演習林に設置した4 haの調査区で開花，結実の調査を行なった。
　まず，花序によるディスプレイの効果をみてみる。結実の過程については個体群内からランダムに37個体を選び，それらの個体の一次枝(樹木の主幹からでている枝)3本から繁殖シュートを50シュート選び，花序ごとに開花数，結実初期(開花2週間後)の果実数，成熟した果実数を定期的に観察して結果率をえた。
　花序サイズとその花序に結実した果実数の関係をみてみると，成熟した果実はもとより，受精成功を示していると考えられる結実初期においても，花序サイズが増加しても結実数は比例的には増加しないことがわかった(図2)。
　つぎに個体あたりの花序数が結果率に及ぼす影響をみてみる。個体あたりの花序数については，個体群内の全個体について双眼鏡でカウントを行なっ

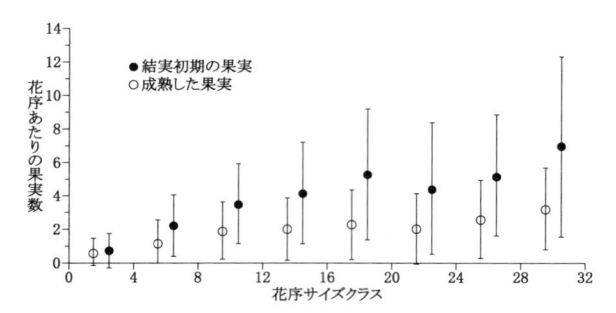

図2 花序サイズと花序あたりの果実数の関係(Kato and Hiura, 1999 を一部改変)

た。表1は個体の結果率について，開花量と光条件を考慮して重回帰分析を行なった結果である。この表において，凡例に示したそれぞれの説明変数の標準偏回帰係数が，結果率に与える影響の大きさを示している。個体のディスプレイサイズである個体あたりの花序数は，これより結果率に対して負の影響を与えていることがわかった。

これらの結果より，花序あるいは個体レベルでは，ディスプレイサイズによる訪花昆虫に対するアトラクション効果は働いていないことがわかった。それとは逆にこのレベルでの開花量の増加は結果率に負の影響を及ぼしていることから，結実成功には隣花受粉をとおした影響が大きくなることが示唆されるわけである。

個体の集まりでの開花量についてはどうかというと，ほぼ個体の集まりのパッチサイズである，注目した個体を中心とした 35 m×35 m の範囲でのその個体を除いた総花序数と，初期および成熟結果率は，統計的な有意水準は低いけれども正の関係をもっていることがわかった(表1)。これより個体群内での局所的な開花密度のばらつき，つまり空間構造によって結実に対する影響があるといことが示唆された。

これら花序，個体，個体の集まりといった異なったレベルの開花量と結果率の関係より，アトラクション効果が個体レベルではなく，パッチレベルで働いている可能性と他家受粉が個体が集中することによって促進されている可能性，さらに個体と花序内での隣花受粉の影響ということが認められたのである。

表1 結実初期の結果率および成熟期の結果率に対する重回帰分析 (Kato and Hiura, 1999 を一部改変)

変　数	偏回帰係数	標準誤差	標準偏回帰係数	P	平方和	r^2	Total F
結実初期の結果率 (ratio)							
ln 生枝下直径 (cm)	0.173	0.096	0.345	0.082			
asn 相対光量子 (ratio)	0.147	0.147	0.160	0.324			
個体の平均花序サイズ (花序あたりの花数)	−0.018	0.008	−0.355	0.028			
ln 個体あたりの花序数	−0.083	0.038	−0.420	0.035			
sqr 注目する個体を除いた局所開花密度 (1225m²あたりの花序数)	0.003	0.002	0.232	0.106			
Constant	0.741	0.182		<0.001			
モデル				0.003	0.499	0.421	4.512
成熟期の結果率 (ratio)							
ln 生枝下直径 (cm)	0.100	0.056	0.305	0.084			
asn 相対光量子 (ratio)	0.152	0.086	0.250	0.087			
個体の平均花序サイズ (花序あたりの花数)	−0.017	0.005	−0.514	0.001			
ln 個体あたりの花序数	−0.048	0.022	−0.369	0.037			
sqr 注目する個体を除いた局所開花密度 (1225m²あたりの花序数)	0.002	0.001	0.206	0.108			
Constant	0.534	0.107		<0.001			
モデル				<0.001	0.278	0.542	7.336

asn: arcsine, ln: natural logarithmic, sqr: square root

資源制限に関しては，果実の成熟にはよい光条件が必要であることも重回帰分析よりわかった。また個体サイズが結果率に影響していることがわかったが，これも資源制限の存在をほのめかす結果となっている。つまり，花序数が同程度で個体サイズが異なる2個体を考えてみると，重回帰分析の結果からサイズが大きな個体で結果率がよいことが予測される。これは樹木個体内で果実生産に利用する資源の転流が起きているならば，花序あたりの利用可能な資源量はサイズの大きな個体で高くなるはずであるからである。実際，樹木園で行なったハクウンボクの適葉実験では，蓄積された資源と資源の転流の結実に対する重要性を示唆する結果となっている（Tamura and Hiura, 1998）。

　結論として野外の個体群においては，森林の複雑な垂直構造により光条件が個体によって大きく異なるわけであり，また資源の蓄積度合いも個体の履歴によって異なるため，結実に対する資源制限のかかり方が個体ごとにばらつくと考えられる。それに加えて開花個体の集まりによるパッチサイズの効果と隣花受粉あるいは訪花頻度の低下による花粉制限により，個体の結果率が決まるわけである。

　ハクウンボクは亜高木層に生育しているために，その環境で利用可能な光資源量の制約のなかでうまく生き抜いて子孫を残していかなくてはならない。このようななかで，成長，繁殖をしていくうえで，繁殖時における個体の集中パッチによる開花量が個体の繁殖成功に影響を及ぼすという特性が，ハクウンボクの数年に1回の大量開花の進化に関係しているのではないかと筆者は考えている。つまり，いくら個体が開花しても，他個体が同じ年に開花していなければ，意味がないわけであり，繁殖成功はその密度の効果のために開花の同調性に依存するからである。大量開花の翌年の1996年にはこの個体群ではほとんどの個体が開花をせず，また開花した個体でもまったく結実することがなかった。これについてはひじょうに開花の密度が低いことが原因であるかもしれない。またハクウンボクの大量開花の進化の解明についてはもちろん資源量の変動，あるいは繁殖量だけでなく成長量の変動の観点も含めてさらに研究が必要であり，現在この点についての調査を進めているところである。

この章では，実際にはそれほど研究例が多くない野外の樹木個体群での開花，結実パターンのほんの一例をみてきた。そのなかでも比較的観察が容易である亜高木で行なった研究ではあるが，樹木において特徴的である繁殖量の年変動，個体サイズのばらつき，また空間構造の不均一性といったものが個体の結実成功に大きく影響していることを示せたと思う。樹木の繁殖の研究においては年変動の理解が大きな鍵になるわけだが，これについては野外での長期的な開花量と結実量の継続調査が必要となる。このようなデータを集め，結実を制限する要因の年間の変動を知ることによって，数理モデルなどで予測される大量開花や樹木種による最低の繁殖サイズの違いなどを説明する仮説に対するメカニズムの検証が可能となるはずである。

　森林全体で考えると，虫媒花の受粉の成功についてはハクウンボクで示した同種内での開花量の影響だけでなく，他樹種の開花量も訪花昆虫の個体群密度を変化させたり，相対的なアトラクションの効果を変化させることによって，花に対する訪花頻度とその結実に影響するとも予測される。

　このように森林での更新過程，つまりその群集構成にまで影響を与える樹木個体の結実量の変動のメカニズムを詳細に理解するためには，開花結実過程おける個々の要因について，長期的な調査と，他種の影響を明らかにするようなデザインで研究をこれからも続けていく必要があると考えている。

第3章 冷温帯落葉広葉樹林における種子散布

森林総合研究所・柴田銃江

1. 樹木の種子散布の意義

　冷温帯落葉広葉樹林に生育する樹木では，カエデやカンバ，シデ類の種子は翼をもち，風にのって散布される。ミズキやサクラ類の種子はまわりに果肉があり，これが鳥に食われて散布される。リスやネズミ，カケスなどは，ドングリ（堅果）を運んで隠す習性がある。コナラやブナなどの堅果は，林床に落下した後これらの動物の貯食行動により散布される。
　果実や種子の散布パターンは樹木の更新特性と深くかかわり，どのような散布パターンを取るかには親木にとっての適応的意義があるといわれる。種子は，散布後実生が定着するまでに，光不足や乾燥などで死亡したり，動物や菌類に攻撃されて死亡し，生存できるものはわずかである。今までの研究は，これらの要因に関連した実生定着成功についての議論が中心になっており，種子散布の意義について，空間的逃避（escape），移住（colonization），指向性散布（directed dispersal），兄弟間相互作用（sibling interactions）回避などの仮説が提唱されてきた（Howe and Smallwood, 1982；Willson, 1992）。また，散布された種子が発芽せずに土壌中に蓄えられシードバンク（seed bank）を形成することの意味と個体群維持に対する貢献度も議論されている。
　しかし，仮説が話題となる反面，それを十分な定量データをもとに検証することは遅れていた。種子の生産・散布過程や，樹木の個体群動態に深くか

写真1 小川群落保護林内の調査地。種子トラップ(受け口0.5 m²)と隣接する実生観察枠(1 m×1 m),および稚樹観察枠(2 m×2 m)が格子状に設置されている。

かわる立地条件，森林全体の動態は時空間的変動がひじょうに大きいため，生育環境の不均質性を考慮しながら種子生産から実生定着までの過程を一貫して把握することが困難だったためである。また，樹木の寿命が長いため生活史全体を直接解明することができず，個々の生態的な特徴が個体群の増殖率にどう結びつくのかということもよくわかっていない。

　樹木の繁殖過程にかかわるこれらの問題を解明するためには，結実から散布，発芽，実生の生存までの過程を一定の空間スケールで一貫して追跡することが有効なアプローチとなる。茨城県北部の小川群落保護林(以下，小川と記す)では，そのような考えをもとに温帯落葉広葉樹林に生育する主要構成種の個体群動態についての長期的な観測が行なわれている(写真1)。この森林では規則的に配置したシードトラップと実生観察枠のセットによる観測および付加的な実験設定により，種子生産や散布の定量データを集積してきた。この章では，それらのデータをもとに，種子散布に関するいくつかの仮説を検討していきたい。

2. 空間的逃避仮説

　この仮説は，初め，熱帯において高い種多様性が維持されることの説明として考えられ，提唱者の名前から Janzen-Connell 仮説(Clark and Clark, 1984)ともよばれている。親個体の周辺にはその種に特有の(種特異的)食植者や菌類などの天敵が多い，また同種の種子，実生が高密度なために天敵が多く集まってくるということがあれば，親個体の周辺では同種の子ども(種子，実生)の死亡率は高くなる。そのため，種子を親から離れて遠くへ散布させることは，親個体周辺の死亡率の高い場所から逃れるという意義があるという(Howe and Smallwood, 1982)。

　実際に多くの熱帯林樹木で親木，あるいは同種成熟木から離れると実生の生存率が高くなるという現象が報告されてきた。小川のような温帯林でも，いくつかの樹種では親木からの逃避の可能性が示唆されている。クマシデ属4種のうちアカシデ，イヌシデ，サワシバの3種で，実生の発生率は散布された種子の密度が低いほど高くなった。これは種子の生存率が種子散布密度

の低い場所で高くなることを意味する。さらにクマシデ，サワシバの2種については当年生実生の生存率が，同種成熟木からの距離が遠い場所ほど高くなった(Shibata and Nakashizuka, 1995)。同様の結果がイタヤカエデやミズキ，ハリギリにも認められたが，コナラではなかった(Nakashizuka et al., 1995)。

　空間的逃避仮説を検証するためには，親個体の周辺や種子，実生密度の高い場所で，実際に種子，実生の死亡率が高いことを確かめるとともに，その死亡のメカニズムを明らかにする必要がある。Maeto and Fukuyama (1997)は，北海道のイタヤカエデについて，親木の樹冠から落下したイタヤハムシの幼虫が直下の実生を食害するため，親木樹冠下の実生は樹冠から離れた位置にある実生よりも死亡率が高いことを示した。またパナマのバロコロラド島では親木近くの実生の死亡にかかわる種特異的な菌が検出されている。しかし，種子や実生の直接の死亡要因と関連する昆虫や菌類の分離，同定はかなり困難な作業であるため，親個体の周辺で起こる特異的な死亡要因解明に成功した例はそれほど多くはない。小川でも，2週間間隔という野外調査としては比較的頻度が高い観察間隔にもかかわらず，親木からの距離や密度に関連した種特異的な実生の死亡要因を確定できた樹種はない。カエデやミズキでは種子は密度依存的に死亡し，その死亡はおもにネズミ類からの被食によると推定されている(Tanaka, 1995；Masaki et al., 1998)。これらの種については親木からの逃避の意義があると考えられる。

　親から離れることの意義として，Willson(1992)は，同じ親由来の幼個体の相互作用を回避することについても議論している。親個体がその付近に自分の子である種子を高密度に散布した場合，兄弟間の激しい競争によって死亡率が高まったり，幼個体が成熟したとき近親交配の確率が高くなることがあれば，親の適応度増大につながらない。したがって親個体は種子をできるだけ遠くへ散布するだろう。もしそうなら自殖した種子は他殖した種子よりもさらに遠くに散布されなければならないが，そのような報告はない。また近親交配をさけるためにはほかにも方法がある(交配システムの変更など)ことなどから，Willsonはこれらの相互作用については否定的であるが，遺伝的に近い個体が近接している場合，病原菌の被害をうけやすくなる可能性は

あると考察している。小川で行なわれている自然な状態での観察では，発生した実生の親木が同一個体かどうかは不明なので，兄弟間の相互作用を評価することはできない。この仮説を検討するには，遺伝的に同一なコホート*の生存過程追跡と死亡要因の解明が必要になるだろう。

ところで，親から空間的に逃避することによって種子や実生の生存率が上昇するとすれば，耐陰性が低いために実生がすぐに死亡してしまう樹種よりも，イタヤカエデのように実生の耐陰性が高く閉鎖林冠下でも生存率が高い樹種の方が逃避する効果は大きいと思われる。逆に種子や実生期の死亡率が高い樹種にとっての種子散布の意義は，親からの逃避よりも，後述の移住仮説で検討するように，少なくとも一部の種子は実生の定着に好適な微環境に到達するようにすることのほうが重要であると考えられる。

3. 移住仮説

種子を遠くへ散布することは，より広い範囲に散布することにつながり，セーフサイト*² としての価値の高い場所に到達する可能性を高めることになるという仮説である。しかし，どの場でもセーフサイトができる確率が等しいとすれば，ある1個の種子がセーフサイトに遭遇する平均的な確率は，散布範囲にかかわらず同じになる。それゆえ，多数の種子を広く遠くに散布させることは，セーフサイト到達の可能性を高めるというより，むしろ全滅の確率を減らすことに意義があるという主張もある(菊沢，1995；Tanaka et al., 1998)。この仮説を検討するには，散布範囲拡大にともなう種子特性（種子サイズや生産量）の変化と，セーフサイトとなりうる微環境条件やその空間分布との関係を評価する必要がある(Nakashizuka et al., 1995；Tanaka et al., 1998)。

セーフサイトの条件として，散布された種子が発芽しやすいような地表条

---

*cohort。もともと人口学用語で，ある特定の期間に出生した人口を示す。同時にあるいは同時期に発生した集団。同齢集団。
*²safe site。ここでは種子の発芽に好適な微環境というオリジナルの意味を拡大し，実生の発生，定着に好適な微環境とする。

件，芽生えた実生が水を吸いやすいかどうかといった土壌条件，光をえやすいかどうかといった光条件などがある。ここではこれらの条件を総合した実生の発生率や生存率という，実生の定着期での成功具合を指標する値を用いた。実生の発生率や生存率が高い場所は，セーフサイトとしての価値の高い環境ということになる。小川では，各々の実生観察枠の実生の発生率や生存率を計算している。同じ観察枠内でも実生の発生率や生存率は樹種によって大きく異なった。つまり，セーフサイトとしての価値の高い環境は樹種によって異なり，各樹種はそれぞれに特有なセーフサイトの空間分布をもっていることになる(Nakashizuka et al., 1995)。

　セーフサイトの分布や大きさ，形成頻度は，その場所特有の物理的状態（地形など）と，その森林がどのような撹乱体制の下にあるのかの両者に深くかかわっている。成熟した森林では，ギャップ形成による林冠の撹乱は，光環境のよいオープンな場所をつくる。そこは多くの樹種にとって実生の生存や成長のよいセーフサイトとして価値の高い場所となる。小川のギャップ形成は，平均面積 80 m²，形成率は 0.42%/年 だった。これらの値は，そのほかの成熟した温帯林で推定された値と同程度である。

　Tanaka et al.(1998)は，小川のおもな風散布樹種の種子散布面積を求め，新しいギャップに種子が散布される確率の推定を試みた。その結果，カンバ類特有の薄い小さな翼をもつミズメ種子は毎年約3つの新しいギャップに到達できる可能性があるほどの散布面積があったが，カエデの仲間のオオモミジはその1/8の散布面積だった。

　このような散布面積の違いはその種のセーフサイトの頻度と関連するようだ。小川に生育する6種の風散布種子では，当年生実生の平均生存率と種子散布範囲とのあいだに負の相関がみられた(Nakashizuka et al., 1995)。同様な傾向は，熱帯の風散布種子についても認められている。散布面積を拡大するパラメータである親木1本あたりの種子生産数と種子サイズは負の相関を示す(Tanaka et al., 1998)ことから，小型の種子を多量に生産する樹木は，散布面積を拡大する一方で，種子サイズが小さいために栄養分が少なく，実生が定着できる環境条件が限られてしまう（セーフサイトが限定される）のであろう。このように散布面積が広いと生存率が低くなる場合，この両者のあ

いだにトレードオフがあると考えられる（図1）。

　散布範囲を広げるほど，種子が新しいギャップに到達する可能性が高まる。しかし，散布面積と実生の生存率とのあいだにトレードオフがあるため，どの樹種でも散布面積を広げるほど適応度があがるわけではないようだ。風散布種子ではとくにこういった傾向がよくあてはまるために，よく飛ぶ種子をもつ樹種や，それほど飛ばない樹種があるのだろう。一方，鳥散布種子では散布範囲と種子サイズのあいだに風散布種子ほど明瞭なトレードオフ関係はないので，散布範囲を拡大すれば種子が侵入するセーフサイトの箇所数が増え，適応度があがると思われる（小南陽亮，私信）。

4．指向性散布仮説

　この説は，動物散布の意義として考えられた。種子や果実はランダムにばらまかれるのではなく，特定の種子散布者の行動によって，果実や種子が実生の定着や成長に好適な場所に散布されるという仮説である。スゲ属やスミレ属などの草本種にはアリによって運ばれる種子がある。これらアリ散布種子にはアリ誘導物質をもつ脂肪体がついていて，アリは脂肪体を食べるために種子を巣のなかに運ぶ。アリの巣は種子の発芽にとって湿度や光条件が好適なため，種子の発芽率や実生の生存率が高くなったという実験例がある。種子がアリの巣に運びこまれ，隠されることによって，昆虫などの捕食者の食害から逃れることができたという報告もある（大河原，1999）。また，一部の鳥類やリス，ネズミなどは堅果を運んで地表面近くに埋め，あとで捕食するという習性をもっている。これを分散貯蔵とよんでいる。堅果も，適当な深さに埋められることにより，ほかの動物からは発見されにくく，発芽に好適な条件に恵まれるようである。しかし，分散貯蔵の場合，種子の散布者が同時に捕食者でもあるので，指向性散布説の評価は複雑になる（箕口，1993）。

　小川にはアカネズミ，ヒメネズミという森林性のネズミが生息しており，コナラやミズナラなどの堅果はこれらのネズミの餌になり貯食される。もし，堅果がギャップなどの実生の定着や成長に適した場所に偏って貯食され，食べ残された堅果が生きのびることがあるのなら，指向性散布説を支持するこ

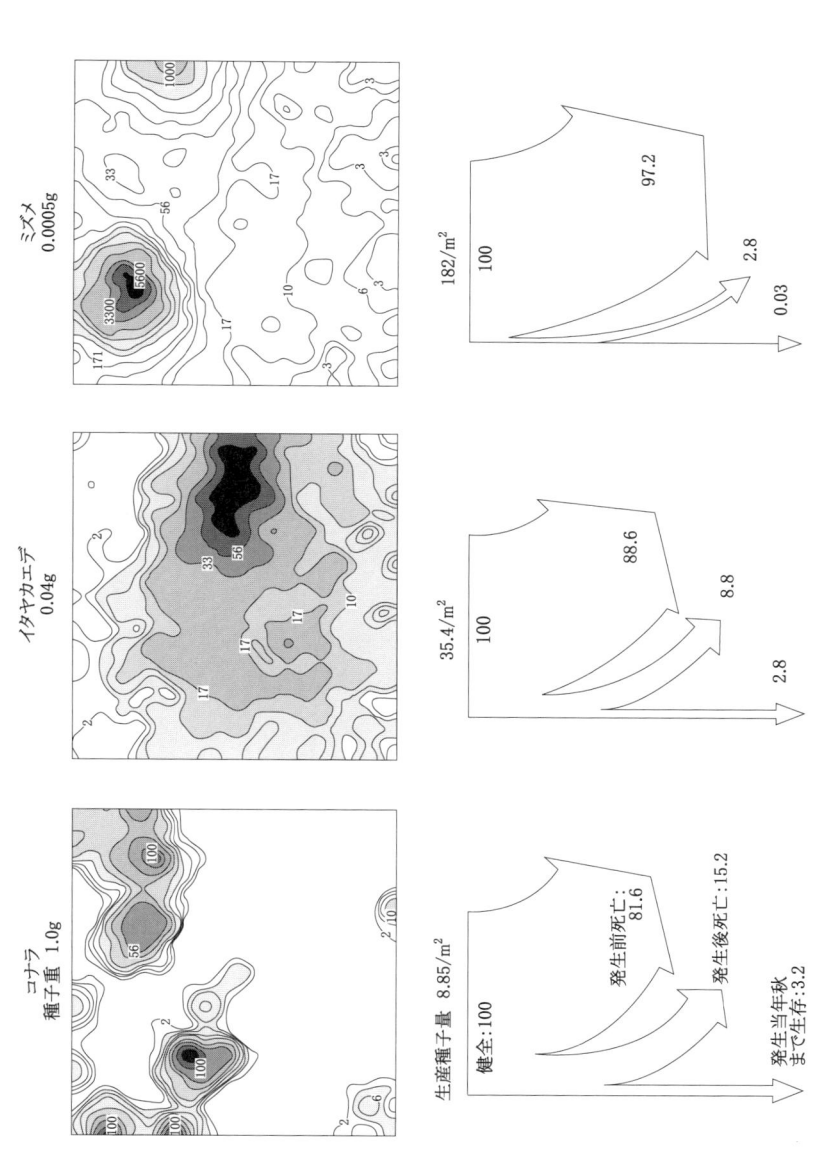

図1 コナラ・イタヤカエデ・ミズメの種子散布パターンと散布後種子の運命 (Nakashizuka et al., 1995 より)。上図：調査地 (100 m×100 m) 内の各地点に落下した種子密度を、種子トラップに落下した種子から推定し等値線で表わした。下図：散布後から発生当年秋までの生存率を、散布された充実種子を 100 として示した。

とになる。そこで，Iida(1996)は，磁石を埋めこんだコナラとミズナラの堅果を林床におき，それらがネズミによってもち去られた後，金属探知機で磁石つき堅果を探し，その後の運命を追跡した。

堅果の運搬距離は平均約20 mで，40 m近くも運ばれるものもあった。運搬先は，ギャップ内の倒木の幹や枝の付近に多いという傾向が認められた。これは，ネズミが外敵に発見されにくいように，倒木などの物陰にそって行動するためらしいと考えられた。そして，ほとんどの堅果は運ばれた先で食べられてしまったが，運ばれた堅果の3%が，実生発生期の4月まで生存していたという。

こうした結果は，指向性散布説を部分的に支持するものである。しかし，ネズミ類が隠れ場所に使う倒木や枝条は，閉鎖した林内や，すでに実生の生存や成長が期待できない光条件になっている古いギャップにもある。また，この実験を行なった年がこれらの堅果の凶作年であったためか，堅果はひじょうに高い被食圧をうけ，ネズミによって散布され定着しそうな堅果はほとんどなかった。しかし豊作年では飽食作用が働き，堅果の生存率はあがると予想される。Iida(1996)は，この仮説の評価には，堅果が貯食された場所の環境条件の定量化や，種子生産の豊凶とネズミの行動についてのデータの集積が今後必要だと述べている。

一方，鳥によって果実が食べられ散布されたミズキ種子の分布もランダムではなかったが，ギャップに偏って散布されるという傾向は確認できなかった(Masaki et al., 1994)。Masaki et al.(1994)は，鳥により被食散布された(果肉がなく，内果皮がむきだしになっている)ミズキの果実と，被食散布されなかった(果肉がついている)果実の散布パターンを種子トラップのメッシュでとらえた。その結果，果肉なしの果実は，果肉つきの果実よりも，より遠くまで広く散布されていること，同じ季節に結実する果実をもつ異種の樹木個体の近くに散布されることがわかった(図2)。しかし，鳥によって散布された種子は，必ずしもギャップの近くに散布されるというわけではなかった。この結果から，彼らは，ミズキの鳥散布は，指向性散布というより，むしろ前の2つの仮説，つまり種子を分散させることで親木からの逃避やセーフサイトに到達できる確率を高めることに意味があると考察している。

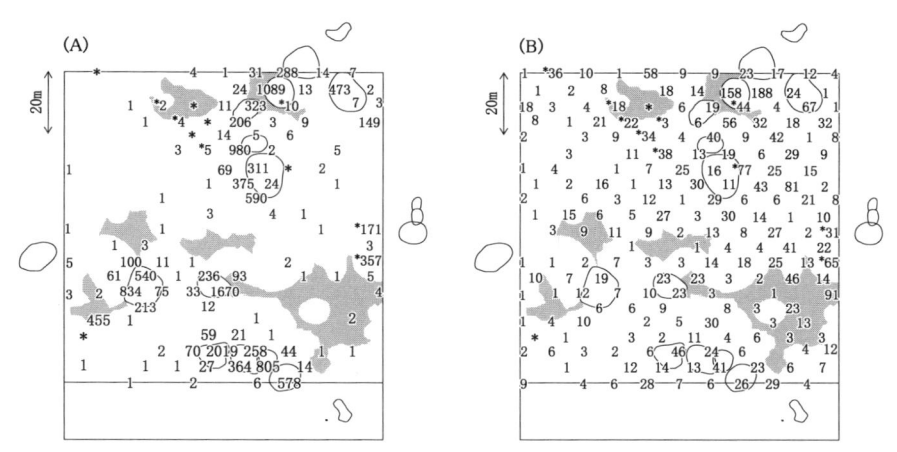

図2 親木から直接落下したミズキ果実（A）と鳥類によって被食散布された果実の分布（B）(Masaki et al., 1994 より)。各種子トラップに落下した果実数を，果肉つきと果肉なしで分けて記録した。図中の不定形の円はミズキの成熟木の樹冠を，網かけ部は林冠ギャップを示す。

5．シードバンク

　散布された種子は，すべてが同時に発芽するとは限らず，散布された場所で何年も眠っていることがある。このように森林土壌に蓄えられた多くの種子をシードバンク(seed bank)とよんでいる。これらの種子はギャップができたりして環境条件が好転すると発芽するのだろう。ギャップはいつ，どこでできるのかわからないから，シードバンク形成は，とくにパイオニア的な種にとって有利な更新特性と考えられてきた。その一方で，種子のギャップ侵入にはシードバンクよりもむしろ多数の種子を散布させるシードレイン(seed rain)の方が重要だという報告もある。小川のような成熟し，比較的安定した温帯林に生育する樹木にとって，シードバンクはどんな意味があるのだろうか。この問題は散布後の種子の動態を時空間的に測定し，森林内でシードバンクがどのように機能しているのか把握することで明らかになってくる。

　シードバンクの寿命(もしくは回転速度)は，それぞれの種子の休眠体制や

発芽特性によって異なってくる。金網のバックにいれた種子を林床や地中に設置した実験などから，ミズキは散布後翌年の春に発芽する種子がある一方，一部は恒久的なシードバンクをつくる可能性が示された(Masaki et al., 1998)。一方，イタヤカエデやブナでは，種子散布後翌年の春にはほとんどの種子が発芽するため，シードバンクといっても冬期間だけの一時的なものしかできないことが明らかになった(Tanaka, 1995)。また，オオモミジやサワシバ，ハクウンボク種子は，種子散布後，翌々年の春に発芽し(Tanaka, 1995；Shibata and Nakashizuka, 1995；阿部，1996)，ウリハダカエデは環境条件によって発芽の時期が散布後翌年になるかそれ以降になるか変化した。これらの樹種は比較的短い寿命のシードバンクを形成していると考えられる。ハリギリでは，鳥散布されたと仮定して果肉を除去した種子は翌年発芽するが，果肉がついたままのものはシードバンクを形成し，翌々年以降発芽する傾向にあった(Iida and Nakashizuka, 1998)。

野外でのシードバンクの動態は，種子の休眠，発芽特性のほかに，動物による散布や被食，菌害の影響も大きく，しかも複雑にかかわっていることがわかってきた。地上に散布された種子のおもな死亡要因は，散布期を終え翌年の春までの冬期間はネズミ類による被食，実生発生期が過ぎた夏の期間では菌害の影響が大きかった。とくに冬期間の被食圧は，ブナ科堅果のような大型種子だけでなく，カエデ類やミズキ，クマシデ属のような比較的小さな種子でもひじょうに高かった(Tanaka, 1995；Masaki et al., 1998)。被食圧の程度は種子密度や散布された場所，種子散布様式によっても異なる。土壌サンプルから推定したミズキの埋土種子は，親木の近くで高い被食圧をうけていると推定された。また，果肉部分を除去し(鳥散布された果実と仮定した)内果皮だけになったミズキ果実は，果肉部分を除去しない果実に比べて，地上でのネズミによる被食率は低くなった(Masaki et al., 1998)。

シードバンクをもついくつかの樹種は種子生産に豊凶があるが，凶作年の翌年にもシードバンクから実生が発生するため，実生発生数の年変動は種子生産のそれよりも小さくなった。つまり，シードバンクは，種子生産の変動が大きくても，毎年安定して実生を供給する役割をもっているようである(Nakashizuka et al., 1995；Masaki et al., 1998)。しかし，豊作年の散布に

多くの種子が林床に落下し、シードバンクを形成しても、高い被食圧、菌害、発芽のため、種子の寿命は短く、2, 3年後に新たな種子の補充がない限りシードバンクはなくなってしまう。成熟した熱帯林のパイオニア樹種でも、散布後の種子は菌害による死亡率が高く、シードバンクからの実生のリクルートはまれだった(Dalling, 1998)。成熟した森林に生育する樹木では、個体群維持のためのシードバンクの貢献度はシードレインほど大きくはないようだ。

6. 種子散布の重要性を評価するにはどうすればよいか？

　種子・実生期のデモグラフィーを一定の空間スケールで継続観測することで、種子散布の意義に関するおもな仮説をある程度評価することができた。しかし、これらの仮説について、まだいくつか検討すべき問題点が残っている。たとえば、種子や実生の種特異的な死亡のメカニズムや、遺伝的に同一な種子や実生の運命、種子生産の年変動にともなった捕食動物の個体群や行動変化などを明らかにする必要がある。また、種子から実生期の更新過程にはそれぞれの仮説が示す作用が複合的に働いているため、その複合性をも含めて評価することがこれらの仮説の検証には重要となるだろう。

　さらに、種子・実生期のデモグラフィーが、樹木の生活史全体のなかでどれほど重要かを評価することは、種子生産、散布という現象の適応的意義を考えるための不可欠のアプローチである。小川では主要構成種の生活史全体のデモグラフィーと、森林の撹乱体制についてのデータを蓄積してきた。これらのデータをパラメータとして組み込んだ個体群動態を表現するモデルを用いて、樹木生活史における種子・実生期のデモグラフィーの評価をしようとしている。その際、格子モデルや個体ベースモデルのような空間構造を明示的に取りいれたモデルによる解析が必要になる。

　その初歩的な試みとして、正木(1993)は格子モデルによってミズキ個体群動態のシミュレーションを行ない、ミズキの種子がすべて散布されなかったら個体群は消滅するが、たとえ10％でも鳥によって散布されれば個体群は維持されることを示した。樹木個体群における種子散布の重要性がこの結果

からも予想できる．今後，種子・実生の密度依存的な死亡や親木からの距離依存的な死亡，セーフサイトの空間分布，種子生産の年変動などが，個体群に与える影響を評価していくことで，さらに種子散布の意義についての理解が深まると思われる．また，種子・実生期のデモグラフィーは，樹種によって異なるため，ほかの樹種についても同様の解析が進められることを期待している．

第4章

森の果実と鳥の季節

日本学術振興会特別研究員・木村一也

1. 果実の季節変化と鳥の渡り

　植物は子孫を残すために種子を散布する。その様式はさまざまで，たとえば，水散布，風散布といった生物以外の媒体を利用するもの，落ちるだけの重力散布，果実が弾けて種子が飛び散る自発的散布，そして動物にくっついたり食べられたりして種子を運んでもらう動物散布がある。それぞれの散布型果実は効率よく散布されるように形態が適している。
　動物散布は3つの型(付着型，食べ残し型，被食型)があり，なかでも被食型は動植物間の強い相互関係のうえになりたっている。被食型の果実は種子のまわりの果肉などの組織を報酬として動物に提供し，かわりに種子を親植物から離れたところへ運んでもらう。果肉がとくに多汁な果実を液果とよぶ。液果を食べて種子を散布するのは鳥類や哺乳類が主である。果実食性の鳥に散布されている植物を鳥散布植物とよぶ。熟しても落下せず，小さくて果皮などが派手で視覚でひきつける部分があることで哺乳類散布植物と区別できる。果実の形態にはより多く食べてもらうためにさまざまなくふうがみられる。結実時期もまた散布効率を大きく左右する形質の1つである。
　植物の繁殖には季節性がある。鳥散布植物の結実時期は，温帯では秋から冬にかけて集中する。鳥にも果実を集中して利用する時期がある。温帯の果実食の鳥類は繁殖に季節性があり，繁殖期と非繁殖期に対応して昆虫食から

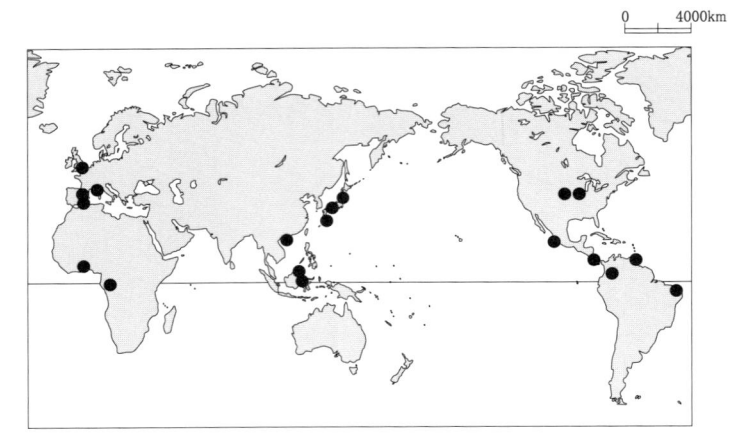

図1　本章で紹介したフェノロジー研究の調査地

果実食へと食性の変化がみられる(ただしハト類は例外的で,育雛を果実だけで行なえるため1年中果実食であるものが多い)。繁殖は夏にみられ,育雛のためにタンパク源を摂取するので昆虫食に偏るが,秋〜冬になり非繁殖期にはいるころ,昆虫が少なくなり,果実を摂取しながら冬を越す。

　果実食性鳥類の種数や個体数は季節的に変動する。温帯以北では鳥は繁殖する土地と越冬する土地が異なり,1年で2つの地域を往復する。普通は北と南の方向にそった移動がみられるが,東西に移動する鳥,山の上と下といった標高間を移動する鳥もみられる。このような季節的に移動を行なうことをここでは広義の「渡り」とよぶ。鳥散布植物の結実時期は,果実食性鳥類の非繁殖期や渡り時期に何らかの関係があるのではないかと考えられてきた。

　鳥散布植物の結実季節変化(フェノロジー)と果実食の鳥類の渡り時期については,それぞれで研究されている。両者の相互関係についてもいくつか研究がある。おおかたの結果では鳥散布植物は鳥類の非繁殖期に結実し,渡り鳥に食べられているようである。しかし地域間の比較が少なく,渡りが結実フェノロジーにどのように影響を及ぼしてきたのかを推測するには,まだまだ実態をとらえにくい。そこでヨーロッパ・アフリカ,南北アメリカ,東アジア3地域の温帯・熱帯地域における研究をいくつか取りあげ,結実時期と

渡り時期との関係がどれだけ一般的なことなのか調べてみた（図1）。そのなかで，筆者が研究したボルネオ島キナバル山における熱帯山地林の結果を紹介する。

2. 西ヨーロッパ〜アフリカでの研究

旧北区全体では600種近くの鳥が繁殖し，このうち40%はアフリカ，インド，東南アジアへ渡って越冬する。そのほかの鳥たちはヨーロッパ，アジア北部地域で1000 km近い距離を移動している（Lack, 1965）。Newton and Dale（1996）は西ヨーロッパに生息する鳥の種数を緯度で5度間隔ごとに記載した。北緯35度から80度のあいだを順に比較すると，全鳥種に占める冬に南へ渡る鳥種の割合は29〜83%へと高くなり，とくに北緯60度あたりから増加する傾向があり，留鳥よりも渡り鳥の率が高くなる。北緯60度以北では夏に渡ってくる鳥が多く占め，それ以南では留鳥の割合はほぼ一定で繁殖種の率が減って越冬種が増えていく。渡りをする鳥種のほとんどは北緯35度以南で越冬し，西ヨーロッパからアフリカの熱帯地域にかけて大規模に移動しているようである。この距離はじつに片道約3000 kmに達する。
ヨーロッパの温帯地域では果実食の鳥類が果実の結実時期に北から渡ってきて果実を食べる。イギリス南部，Wythamの混交落葉樹林でみられる鳥散布植物は8月下旬から5月上旬にかけて結実する（Sorensen, 1981）。渡り鳥が渡ってくる前はニワトコ，キイチゴ，スイカズラなどの植物が少しずつ果実を熟させて，それをカラ類が食べていく。しかし渡りが始まるころ，上記のニワトコ，キイチゴはツグミ類を中心とした渡り鳥に食べつくされ，加えていっせいに熟し始めたサンザシ，リンボクの果実もいっきに食べられる。渡り鳥はそれからさらに南へ移動していく。

南スペインは渡り鳥の越冬地であり通過地でもある。地中海沿岸部（北緯37度）にある低木林では果実食の鳥類の渡りが晩秋から冬にかけてみられ，熟果の数も11〜12月にもっとも多く，両者が一致している（Herrera, 1984）。加えて100，1500 mの2標高で調査を行なったが，どちらも結果はほぼ同じであった。ここで観察された果実食の鳥類はコマドリ属やズグロムシクイ

属，そしてツグミ属といったヒタキ科ツグミ亜科の鳥たちである。

　Fuentes(1992)は，「渡り鳥が遅れてやってくる低緯度あるいは低標高の地域では，高緯度・高標高に比べて鳥散布植物の結実時期が遅れる」という仮説を，南スペインを中心に西ヨーロッパの事例について検討した。その結果，同種個体群間ではその仮説は支持されなかった。群集間では結実種数の季節変化には支持されなかったが，果実数とバイオマスの変化は南北方向で果実食性鳥類の季節変化と一致し，仮説が支持された。

　熱帯における鳥の季節移動と関連づけたフェノロジー研究はほとんどない。ここではアフリカ・ガボンの熱帯低地林の研究例を紹介する。White(1994)はこのあたりの木本植物の結実時期を散布型ごとに記載した。風散布や自発的散布の結実は雨が少ない1〜2月に集中する。同様に派手な種衣を種子のまわりにつけて動物をひきつける動物散布植物種も1月に結実が集中する。一方，同じ動物散布でも液果をつける植物は雨の量が比較的多い11〜3月にかけて結実し，果実食者にとってもっとも好ましい季節を形成している。ガーナの熱帯季節林でも雨期に多汁な果実がみのる(Lieberman, 1982)。このような果実は水分のある時期でないと形成できないのであろう。先のWhite(1994)は動物の季節変動を観察していないが，ヨーロッパでみられる渡り時期から推測すると，結実時期には果実食性鳥類の渡りによって果実の利用効率が増加していると考えられる。

3. 新世界における研究

　南北アメリカでは木本植物の繁殖フェノロジーの研究がかなり詳しく行なわれている。温帯では結実種数が最多の時期に果実食の鳥類数も最多になるという，年間の結実種数曲線と果実食性鳥類の季節変動の一致がみられる。

　Thompson and Willson(1979)は北アメリカ中部イリノイ州のサトウカエデ林で調査した。ここではクロモジ属，サルトリイバラ属，サクラ属などの液果植物が生育している。夏，秋，冬にそれぞれ果実が熟す3つの結実季節パターンがみられる。結実種数は7月から増えはじめ9月上旬から10月上旬にかけてもっとも多くなり，11月にはかなり少なくなる(図2B)。一方，

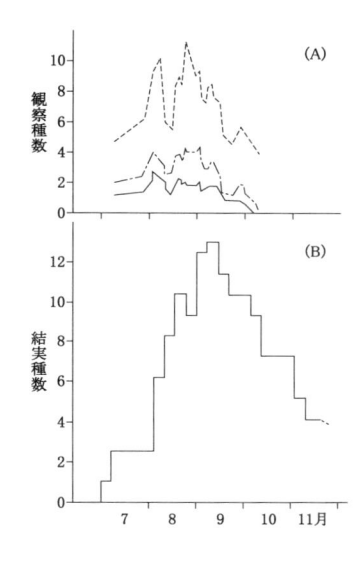

図2 アメリカ合衆国イリノイ州で観察された，液果と鳥の季節変化（Thompson and Willson, 1979 より描く）。A：観察された鳥の個体数；上の破線：すべての鳥類，下の破線：すべての果実食性鳥類，最下部の実線：おもな果実食性鳥類を表わす。B：熟した果実をつけている液果植物の種数

チャツグミ属やツグミ属などのツグミ亜科を中心とする果実食性鳥類の種数が9月から10月にかけて増える(図2A)。この増加は鳥の渡り移動によるもので，果実がほとんどなくなる11月にはさらに南方へと移動していく。上記の結実パターン別に果実の除去率を調べた結果，秋に熟す植物種がもっとも高く，果実食性の渡り鳥によってすみやかに効率よく種子が散布されていることがわかった。鳥散布植物が鳥の渡り時期に熟していることで利益をえていると解釈できるであろう。

Willson and Whelan(1993)は，同じくイリノイ州東中央部の落葉広葉樹林でミズキ属2種の種子散布時期を調べた。おもな果実食の鳥類であるツグミの仲間やネコマネドリ(マネシツグミ科)の仲間は秋に個体数が増えはじめ，そのころに熟したミズキの果実を除去していく。イリノイ州の西方にあるカンザス州の河畔林でも，秋から冬に果実食性鳥類の数が多くなる。逆に鳥の繁殖期に利用されていた昆虫の量は少なくなり，鳥の餌としての果実量と昆虫の量のあいだには相補的な関係があるようである(Stapanian, 1982)。

Machado et al.(1997)が研究したブラジル・ペルナンブコ州(南緯7度)の熱帯低木林では，1～5月までが雨期，6～12月までが乾期となる。そのような気候条件下で，動物散布植物の結実は乾期の終わりから雨期に集中してい

る。これに対し，風散布植物は乾期に結実し，散布型によって結実時期が異なる。メキシコ・ジャリスコ州(北緯 19 度)の熱帯落葉林では，逆に乾期に結実がみられ，10 月から 4 月のあいだに集中している(Bullock and Solis-Magallanes, 1990)。動物散布植物の結実が，赤道をはさんで雨期・乾期に関係なく 9 月から 4 月にみられることは，それにかかわる動物の数が季節変動しているためと解釈できる。

コスタリカの熱帯湿潤林 La Selva(北緯 10 度)の 3 標高(50 m：熱帯低地林，500 m：移行帯，1000 m：下部熱帯山地林)ごとに結実時期と果実食性鳥類の移動を調べた Loiselle and Blake(1991)は，生息している果実食の鳥類が利用できる果実の量に応じて標高間を移動していることを明らかにした。観察された 42 種の果実食の鳥類のうち移動がみられたのは 17 種で，そのなかには温帯から渡ってきたツグミ亜科の鳥が 4 種含まれている。結実はどの標高でも季節性がみられ，9 月から 3 月のあいだに熟果の量が多くなる。各標高における果実食性鳥類の変動も結実の季節性と対応しており，先にあげた渡り鳥も例外なく 9 月から 3 月に多くなっていた。

この節にあげた文献の鳥種リストから共通する渡り鳥を調べてみると，高緯度域でのみ季節移動している種群 14 種，高緯度から中緯度間を移動している種群 8 種，高緯度から赤道付近まで移動する種群 4 種で，大規模な渡りをしている鳥はさほど多くないことがわかった。しかし個体数の季節変動など詳しいデータは乏しく，果実の利用効率を評価するには渡りの実態がはっきりしていない。ただ新世界における以上のような記載は，鳥散布植物の結実フェノロジーが果実食性鳥類の渡りをはじめとする季節移動や繁殖期と関係深いことを示唆しているであろう。

4. 東アジアにおける研究

日本から東南アジアまでの西太平洋アジア地域ではどうだろうか。日本では，千島・樺太，シベリア，韓国から鳥たちが渡ってきて，それからさらに琉球列島あるいは中国を伝って東南アジア地域へ移動していく渡りの通過地である(McClure, 1998)。もちろん，途中で渡りをやめ越冬する鳥もいるし，

日本国内で北部から南部へ渡っていく鳥もいる。このような緯度方向の移動のパターンはアメリカ，ヨーロッパとほとんどかわらず，渡り鳥の大半はそれにあてはまる。日本でみられる果実食性の渡り鳥にはヒヨドリ，ツグミ類，メジロ，森林棲ハト類などがあげられる。ツグミ類がどの大陸でも果実食性鳥類としてあげられていることは興味深い。

日本で渡りがみられるのは秋から冬にかけてと春先である。東北地方など北部では9月ごろから渡り鳥が多くなる(Kominami, 1987)。著者が観察した兵庫県六甲山では10月に徐々に増えだし(木村，1996)，さらに南の屋久島では11月ごろから増える(図3：Noma and Yumoto, 1997)。しかし鳥種によって傾向が異なることに注意しなければならない。たとえばヒヨドリでは上にあげたようなパターンが観察されるが，シベリアから渡ってくるツグミ(ツグミ亜科)はそれよりも遅く，東北地方では11月ごろにみられ，さらに南へ渡っていく。

では鳥散布植物の結実時期との関係はどうか。Kominami(1987)によると宮城県の落葉広葉樹林のガマズミは11月に熟し，そのとき渡ってきたツグミがほとんどの果実を食べた。屋久島の照葉樹林では鳥散布植物の果実の果肉量が果実食性鳥類の個体数と一致して季節変動している(図3：Noma and Yumoto, 1997)。香港では果実食の鳥類が渡ってくる11月から3月に鳥散布植物は結実する(Kai, 1996)。香港は亜熱帯で越冬地であるため，屋久島の結果とよく似ている。鳥散布植物は結実時期を果実食性鳥類の渡りとうまく一致させることで果実の散布を促進し，散布の効率をあげているので

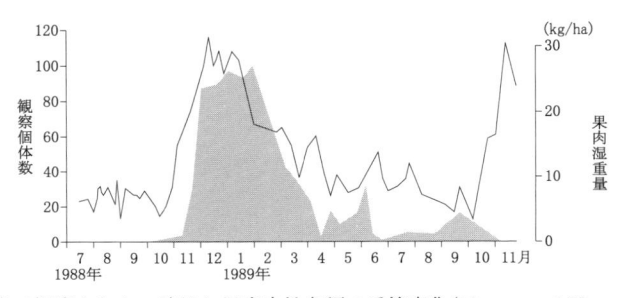

図3 屋久島で観察された，液果と果実食性鳥類の季節変化(Noma and Yumoto, 1997より描く)。実線は果実食性鳥類の個体数，網かけは果肉の湿重量を表わす。

あろう。果実食の鳥類が通過する地域と越冬する地域では鳥散布植物の結実パターンが異なり，渡りのパターンにあった結実時期がみられる。

　果実食性鳥類の渡りは，その地域にある果実の量と深くかかわりあっている。六甲山の二次林の鳥散布植物を約2年間観察した結果，どちらの年も結実期間は似ていたが1年目は2年目に比べて結実量が少なかった。結実量が少ない1年目には，渡り鳥は滞在期間が短く通過していったようだが，多くの果実が実った2年目は渡り鳥の個体数も多く冬期も滞在していた。このように鳥は移動先の果実数が少なければさらに渡りを続け，多ければ留まって越冬しているようである。果実が豊作の年は南部ほど鳥が渡ってくる時期が遅れたり，関東地方では種子食のベニヒワ(アトリ科)がくる年とこない年があるといった経験的な知見はこれを支持しているものであろう。

　さらに南方の東南アジア熱帯地域ではどうであろうか。東アジアにおいても，その地域の全鳥種に占める通過する渡り鳥の割合は低緯度ほど少なく，越冬する鳥種の割合は逆に多い(Kai, 1996)。つまり環境変動の少ない熱帯でも鳥種数の季節変動があると解釈できる。赤道付近に位置するボルネオ島では358種の記載があり森林でみられる渡り鳥は約70種観察されている(MacKinnon and Phillipps, 1993)。果実食の鳥類について詳しいことはわからないが，同様の傾向があると考えられる。ボルネオ島東カリマンタンの赤道上に広がる熱帯低地林の鳥散布植物は1月から4月にかけて結実し(Leighton and Leighton, 1983)，気候の季節性がないのに結実の季節性が観察されている。渡り鳥を含めた鳥の季節変動について触れてはいないが，越冬にやってきた果実食の鳥類が果実を食べていると推測される。ここでは大型の果実食者であるサイチョウ(サイチョウ科)が，果実が熟す時期に飛来し果実が欠乏すると去ってしまうといった例にみられるような，地域的な移動が促されているようである。

　東南アジアではまだ果実食性鳥類の季節変動の研究はなく，鳥散布植物の結実フェノロジーについても研究例が少ないのが現状である。つぎに筆者が行なったボルネオ島北部のキナバル山での両者の研究を紹介する。

5. キナバル山・熱帯山地林の結実時期と渡り時期

　キナバル山（北緯6度）の熱帯山地林は，標高1200 mから3000 mまで分布している（Kitayama, 1992）。ブナ科，フトモモ科，マキ科の植物が優占する林で樹高は25 mほどだが，山を登るにつれて低くなる。雲霧帯にかかるため幹や枝には苔や着生植物がみられ，1年中湿った感じをうける。熱帯山地林の鳥散布植物にはユズリハ科，ヤドリギ科，ハイノキ科，シキミモドキ科，ウコギ科，ノボタン科，マキ科，ハマビワ属やシロダモ属といったクスノキ科，カナメモチ属やサクラ属のバラ科などがあげられる。鳥は全部で46科306種記載されている（Jenkins and de Silva, 1996）。ほとんどは1年中生息している留鳥で262種を占める。1年のある時期に生息する渡り鳥は27種みられる。現在のところ鳥相の季節変化に関する詳しい記録はない。

　キナバルの熱帯山地林では67種の鳥を観察することができた。果実を食べていた鳥は16種で，観察例の半数以上が果実食だった鳥は7種だった。渡り鳥は8種で，果実食性の鳥はマミチャジナイ（ツグミ亜科）の1種だけだった。キナバル山では鳥の渡りは9月ごろからみられる。渡りの初めには日本でも馴染みのあるキセキレイを含むセキレイ科，ヒタキ科といった昆虫食の鳥が渡ってくる。11月になると果実食性のマミチャジナイが大群でやってくる（図4A）。キナバルにやってきた渡り鳥は越冬し，そして4月ごろには再び繁殖地へと渡っていく。果実食性の鳥の種数でみると，渡り鳥の影響は微々たるものである。それにもかかわらず，その個体数の変化はひじょうに大きい。11月の記録では全観察個体数の半数以上をマミチャジナイが占めていた。図には留鳥の2つの大きなピークが11月の渡り時期の前にみられる。これはメジロの仲間ズグロメジロの群れていたためであった。それを除けば渡り鳥が果実食性鳥類の個体数の季節変動に大きく貢献していることがわかる。

　そのほかに季節移動を行なう鳥に，シワコブサイチョウ（サイチョウ科）やヒヨドリの仲間が2～3月に観察された。これらの鳥は低地でよくみられる果実食性の鳥であり，何らかの理由で低地と高地のあいだを季節移動してい

52　第Ⅰ部　木の花・果実

写真1　キナバル山の熱帯山地林でみられた果実食性の鳥。上：樹上で種子を吐きだすマミチャジナイ，下：タイワンツグミ。どちらもヒタキ科ツグミ亜科に属する。

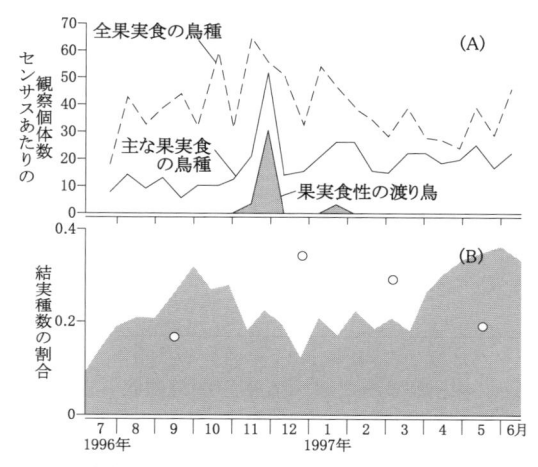

図4 キナバル山の熱帯山地林において1996年7月から1997年6月まで観察された液果と鳥の季節変化。A：全果実食性鳥種，おもな果実食性鳥種，そして果実食性渡り鳥の個体数季節変化，B：鳥散布植物の結実種数の季節変化。観察された124種を1として表わす。○印は2年目以降の記録を表わす。

るようである。

　留鳥の繁殖期の実態はよくわからず，キナバルでの研究もない。ズグロメジロ(メジロ科)の巣材集め(3月)や群れ移動(11月)が観察されたことから，温帯と同じような繁殖の季節性があるものと考えられる。ただ昆虫食のChestnut-crested Yuhina(ヒタキ科)の営巣と抱卵が10月にみられたことは，必ずしもこの現象が一般的ではないのかもしれない。

　キナバルの熱帯山地林では124種の鳥散布植物が観察され，森林全体では結実が1年中みられた。それぞれの種についてみると，1年で断続的に結実する種，年2回結実する種，年1回結実する種，1年で結実がみられなかった種の4つのグループが認められた。全体では10〜11月と4〜5月にピークをもつ二山型の季節性があるが(図4 B)，グループごとに傾向が異なる(図5)。年に1回結実するグループは3月を除く時期に結実がみられ，10〜11月と5〜6月に結実が集中する。年に2回結実するグループは10月から6月にかけて結実がみられ，4〜5月に種数が多くなる。断続的に結実するグループはほぼ1年中みられてパターンは不規則である。ただしもっとも結実

54　第Ⅰ部　木の花・果実

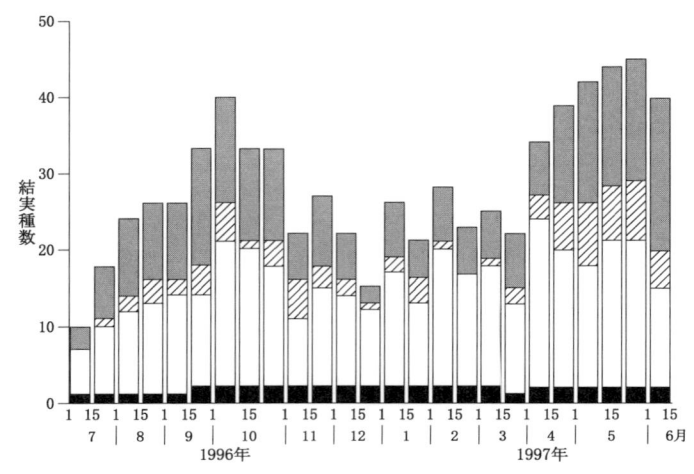

図5　キナバル山の熱帯山地林におけるパターン別結実種数の季節変化。2週間に1回の観察値を示しているため，各月の間隔はそろっていない。凡例は，下から年中結実していた種，断続的に結実した種，1年に2回結実した種，そして年1回結実した種を表わす。

種数が多かった月は10〜11月であった。2年目は12月と3月に多くの結実種数が観察され，1年目の結果と異なっていた。しかし，どちらの年も渡り時期に果実が熟している。

　どのグループもおおかたは果実食の鳥類が渡る11月と4月を中心に結実している。果実はおもにキエリゴシキドリ(ゴシキドリ科)，シロハラカンムリドリやカオジロヒヨドリ(ヒヨドリ科)，タイワンツグミやチャガシラガビチョウ(ツグミ亜科)，アオバネコノハドリ(コノハドリ科)といった年中生息している鳥に食べられた。マミチャジナイがキナバル山へ渡ってきて果実を食べているのは間違いない。1年目は残念ながら記録がえられなかったが，2年目の観察でマミチャジナイが果実を食べているところも直接観察された。渡り鳥はキナバル山で果実を食べながら越冬している。

6．鳥散布植物の結実フェノロジー

　3地域についてまとめてみると，

①温帯では鳥散布植物の結実に季節性があり，結実が集中する時期がみられる。果実食の鳥類はその時期と重なって渡りを行ない果実を食べながら越冬地へ移動していく。

②熱帯でも多くの地域で鳥散布植物の結実時期は集中していて，果実食性鳥類の渡り時期と重なっていることが多い。

③熱帯では高緯度から渡ってくる鳥だけでなく，果実食性の留鳥による標高間の移動や遊動といった小規模な移動もみられる。これは地域的な果実の有無が果実食性鳥類の移動を促した結果である。

の3つがあげられる。鳥散布植物の結実時期と果実食性鳥類の，遠距離の渡りをはじめとする季節移動のあいだに密接な関係があることがうかがえよう。しかしいくつかの例外的な現象もあり無視するわけにはいかない。アンデスの Alto Yunda（北緯3度，標高1050 m）(Hilty, 1980)やキナバル山の熱帯山地林や高標高帯（木村，未発表）といった雨が多く季節性の乏しい地域では，渡り時期に結実ピークがみられるものの，それ以外の時期にもピークがみられる。キナバル山では年に1回結実するグループが6月といった，渡りから外れた時期に結実するものも多くみられた。北からの渡り鳥の影響のみでは説明できない現象である。さらにベネズエラの熱帯季節林（北緯10度）では6月のみに結実ピークが観察されている (de Lampe et al., 1992)。

　鳥散布植物の結実時期は果実食性鳥類の挙動だけでは決定されてはいない。降水量や日照量などの気候条件に制約をうけている場合や開花時期のパターンが影響している場合，植物の系統によって環境への反応が異なる可能性もある。一方，生物的な制約には種子・果実の食害者の有無，哺乳類など鳥以外の果実食者の存在，花期までを考慮にいれれば送粉者の挙動といった間接的な制約も考えられる。たいていはいくつかの要因が重複して作用しているため，幅広い分野にわたる研究と好適な調査地選びが必要である。渡り鳥の影響を評価するには，渡り鳥の生態と季節変動，鳥散布植物と果実食性鳥類の種間関係，渡り鳥がどの程度その植物種の果実を食べ種子の散布に貢献しているのか，などの詳細な研究をひとつずつ行なっていかなければならない。

7. キナバル山の季節性

　キナバル山は植物の多様性が高い地域である。約 7 万 ha の国立公園内で報告されているだけでも 180 科 950 属約 4000 種もの植物が生育している（Beaman, 1996）。そしてそこには数えきれないくらいの動物が生活を営んでいる。

　私は 1996 年 7 月から翌年の 6 月までの 1 年間，キナバル山の森を歩き続ける機会をえた。朝はいつも晴れ渡り，山のギザギザした稜線がよくみえる。昼も近くなると雲がかかり始め，山の姿もみえなくなり，そして雨が降る。夜になったら満点の星空が現われる。このような 1 日のサイクルが 1 年中続いているように思えた。ところがキナバル山の気候は思っていたより変化する。1 年に雨が多くなる時期がある。雲がほとんど毎日かかるにもかかわらず，日照量も多くなる時期がある。よくよく思い返してみれば作業がはかどる時期があったり，雨でなかなか野帳に書き込めず困った時期もあった。気温は年中ほとんど一定だがほかの気候要素は変化し，不規則で予測しにくい季節変化がある。

　キナバル山の多くの植物は，「予測しにくい季節変化」にもかかわらず，開花・結実に季節性を示している。さらに繁殖パターンには，いつでも繁殖しているマイペースな植物，年に 1 回あるいは 2 回繁殖している植物，1 年では繁殖しなかった植物が認められた。そして動物たちは植物のイベントを知っていたかのように現われて活発に動きまわっている。植物がさまざまな戦略をとりながら生活を維持できているのは，キナバル山の環境条件がとても多様で恵まれているためであろう。もちろん鳥をはじめとする動物相の豊かさもそれに含まれる。そして私が熱帯山地林で新鮮にみえたのは，「季節性」に表わされる結実の消長だった。「移りかわりがある」，これが一見かわらないキナバル山での暮らしでうけた大きな印象だった。

　森を歩いているとまだみたことのない花が咲いていたり果実が落ちていたりする。その落ちた花や果実には昆虫や鳥たちが群がっていたに違いない。この果実を食べにきたのは鳥だろうか哺乳類だろうか。落ちたのは虫に食べ

られたためだろうか。果実をたった1粒拾いあげても知らないことだらけである。キナバル山は動植物の相互作用についてはほとんど手つかずの山だ。熱帯雨林の貴重さが注目されている今，願わくばキナバル山でひとつでも多くの研究を手がけてみたい。まずはひとつのつながりを明らかすることが，熱帯に住む人にも住んでいない人にも熱帯雨林の尊さを知ってもらう手助けになるのではないだろうか。

第II部

実生の定着と稚樹の生活

第Ⅰ部では森の木々の繁殖についてみてきたが，ここ第Ⅱ部では，それにつぐ過程である，芽生えてから成熟するまでの期間を，いかに木々が過ごしているかに注目する。大きく育ってはじめて繁殖を開始する森林の樹木では，成熟木になるまでの期間を，暗い林内で過ごさなければならない。定着した条件によっては死亡率も高く，成長も制御される厳しい過程である。動けない幼植物にとって，動物や昆虫による捕食害をいかに回避するかも，この期間の重要な関心事である。その一方，散布者としての動物の手助けによって，うまく定着場所を確保する樹木も多い。注意深い観察によって，樹木が採っている，この過程を乗りきるさまざまな方策と，動物との相互作用の及ぼす影響の実態が明らかにされつつある。安田雅俊(第5章)は，樹種多様性の高いマレーシア半島の熱帯低地雨林での調査にもとづいて，種間で，いかに多様な種子散布の様式が認められるか，そしてそれらが果実を利用する動物たちといかに関係しているかを，まとめている。和田直也(第8章)は，冷温帯林のミズナラのドングリと芽生え，そして，捕食者と散布者のあいだの複雑な相互作用を解きほぐしている。樹木には，種子だけでなく，幹基部や根系からのひこばえ(萌芽)や多雪地にみられるような伏条(地表面に接触した枝から発根し，新しい幹ができる)による栄養繁殖を行ない，世代交代をしていく種も多い。種子の定着が制限される急斜面や渓流の氾濫原に適応した種にそうした例をみることができる。酒井暁子(第6章)は，急斜面に出現するフサザクラに注目して，萌芽更新の過程を詳しく解析している。定着した後の稚樹期に，いかにうまく林内の環境条件に対応させて生存・成長しているか，樹形に注目した観察を行なった例を，山田俊弘(第7章)が紹介している。枝分かれをせず，大きな葉をもつボルネオのフネミノキのもつ特性は，けっして特殊例ではない。日本のウコギ科などの樹木にも似た特性が認められる。

第5章 マレーシア半島の熱帯低地雨林に果実-果実食者の関係を探る

森林総合研究所・安田雅俊

1. 動物あっての種子散布

　現在，地球上でもっとも優占している植物群である被子植物は，構造的に高度に発達した果実をつけ，その多くは栄養に富んだ可食部（果肉や種衣など）をもっている。じつに単純な事実であるが，このような形質は，「動物に食べられることで効率的な種子散布を達成する」という，被子植物が編みだし成功した繁殖戦術の1つである。

　種子散布者として被子植物によって利用されるのは，おもに鳥類や哺乳類である。種子は，動物の消化管を通過したり，吐きだされたり，貯食された後に忘れられたりすることで散布される。

　被子植物の起源は，花粉の化石記録から約1億3500万年前（白亜紀初頭）にまで遡ることができる。いったいいつごろから動物が種子散布者として利用されはじめたのかは定かでないが，被子植物にとって，動物はかなり古くから種子散布者として重要であったと思われる。我々の食卓にのぼる色とりどりの果物が，もともとは森林や草原のなかで鳥や獣（もしかすると恐竜）たちによって食われ，散布され，発芽・成長し，親木となって再び実を結ぶというサイクルを長いあいだ繰りかえしてきたということに気づくのは驚きである。

　しかしながら，動物は，植物にとって有用な種子散布者となるだけでなく，

ときとして種子を捕食し死亡させる諸刃の剣でもある．それゆえ，果実の色，形，味，堅さといったさまざまな形質は，長い進化の過程で「種子散布者の選択」と「種子捕食者への防御」という2つの方向で洗練されてきたと考えられる．

たとえば，アフリカや南アメリカの熱帯林で行なわれてきた果実‐果実食者間の相互作用の研究は，ある動物群に捕食される果実の形質に共通した特徴的な性質（シンドローム）がみられることを明らかにしてきた．アフリカでは色あざやかな多汁質の果実はサルや鳥に好まれ，堅い種子をもちあざやかでない繊維質の果実は有蹄類・齧歯類・ゾウに捕食され種子散布されるといわれている（Gautier-Hion et al., 1985）．南アメリカでも，色あざやかな果実はサルに好まれるという（Julliot, 1996）．これは，果実のさまざまな形質によって，植物側が捕食者の選別を行なっていることの現われである．

では，もうひとつの熱帯，東南アジアの熱帯雨林にも，同様なシンドロームがあるだろうか．いやそれ以前に，このような単純な類型化は，複雑な現実の関係を本当にうまくとらえているのだろうか．

筆者と森林総合研究所東北支所の三浦慎悟は，マレーシア半島の熱帯雨林において，果実‐果実食者間の関係を自動撮影装置や直接観察によって定量化し，野生哺乳類の果実食の実態と彼らが種子の散布と死亡に果たす役割について調査を行なってきた（Miura et al., 1997; Yasuda, 1998; Yasuda et al., 2000）．本章では，まず東南アジア熱帯林における種子散布様式について触れ，つぎに我々の調査で明らかにされた東南アジアの熱帯雨林における果実‐果実食者間の多様な関係のあり方について紹介する．

2. 種子散布と立地条件が織りなす植物の空間分布

我々が調査地としたパソ森林保護区は，マレーシア半島に残された数少ない熱帯低地雨林の1つであり，熱帯林研究のメッカとして有名な森林である．ここには，植物の群集構造や個体群動態の長期研究を目的とする50 haの大規模永久調査区が設けられている．この調査区内の胸高直径1 cm以上のすべての木本植物には，通し番号がついた金属製のタグがつけられており，そ

の種名，位置，胸高直径が記録されている。タグがつけられた植物個体は総計33万5000本，出現する木本植物の種数は78科290属814種におよぶ (Manokaran et al., 1992)。この調査は5年おきに行なわれており，過去のデータと比較することで，いまだよくわかっていない熱帯雨林の更新機構や生物多様性の維持機構について貴重な情報をもたらしている。

　熱帯雨林にも風散布種子をつける植物はあるが，圧倒的に多くの植物種は可食部をもった果実をつける。つまり，そこは動物散布の世界である。動物散布型の植物と風散布型の植物について，パソ50 haプロットのデータをもとに個体の空間分布パターンをみてみよう。典型的な動物散布型の種として，カンラン科のカンラン *Canarium littorale* f. *littorale* とマメ科のジリンマメの一種 *Pithecellobium bubalium* を取りあげる。前者は革質の果肉のなかに1個のタネ（正確には核）がはいった果実を，後者は鞘に5～10個のマメが詰まった果実をつける。これらの種子は，もし動物によって散布されない場合，親木の直下に落下するのみで，それ以上遠方への分散は望めない。一方，第7章に登場するアオギリ科のフネミノキ *Scaphium macropodum* は，舟型をした果実をつける典型的な風散布型の種である（第7章写真1参照）。果実の舟の部分は空気抵抗を大きくし，空中を紙飛行機のように滑空するための適応である。この散布器官のおかげで，フネミノキの種子は，動物とは無関係に十分な距離を散布される。

　図1において，点の大きさは個体の胸高直径の大きさの階級を表わしている。つまり，大まかにいって，大きな点は親木を，小さな点は稚樹を示していると考えてよい。カンラン，ジリンマメ，フネミノキは，どれも稚樹が親木から離れた場所に分布しており，散布様式は異なるが十分な距離の種子散布が行なわれていることがみてとれる。

　しかし，プロット全体をよくみると，カンランは均一な空間分布を，ジリンマメとフネミノキは不均一な空間分布をしている。このような空間分布の違いは，植物のハビタット要求性と立地条件の違いによってもたらされたと考えられる。実際，ジリンマメとフネミノキがあまり分布していない場所は，プロット内の低地に対応しており，土壌や水分条件の違いが両種の分布を制限しているらしい。このような環境の不均一性は，植物の多種共存のメカニ

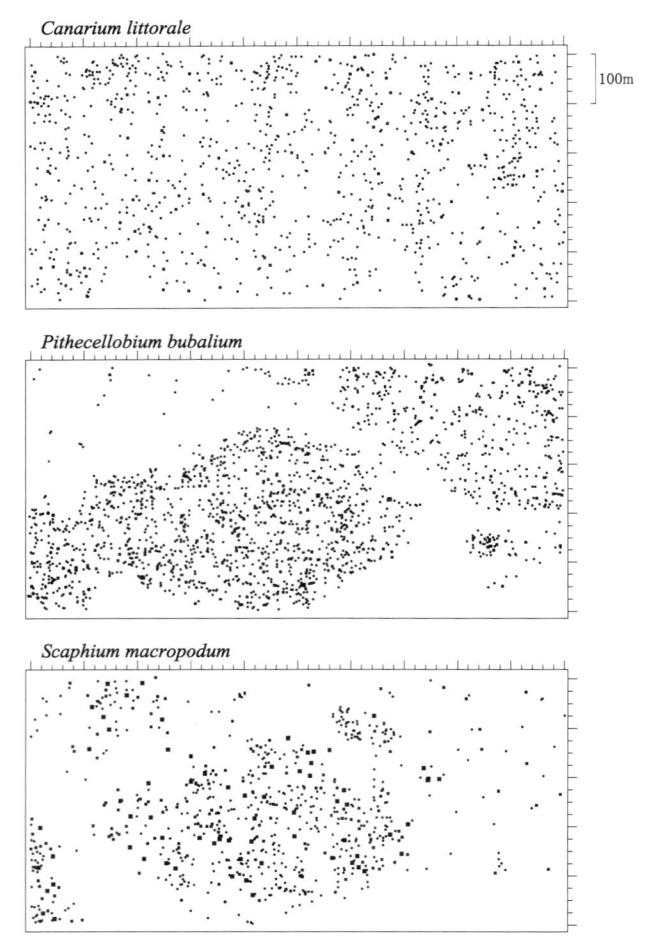

図1 種子散布様式の違いと個体の空間分布(Manokaran et al., 1992 を改変)。パソ 50 ha プロット内における風散布種子をつける植物(フネミノキ)と動物散布種子をつける植物(ジリンマメの一種 *Pithecellobium bubalium*，カンラン)の空間分布を示す。

ズムとして古くから重要視されている(Tilman and May, 1982)。

3. 果実と果実食者のあいだの多様な関係

パソ森林保護区では，これまでに約 400 種の鳥類と約 100 種の哺乳類が記

録されている。日本全体では，絶滅種と迷鳥を除くと，鳥類約440種，陸生哺乳類105種であるから，半ば孤立した5km四方の森林であるにもかかわらず，パソ森林保護区の生物多様性は日本全体のそれに匹敵するほど高い(ただし，パソ森林保護区では，近年生息が確認されなくなった動物種が多い)。このうち，鳥類の30%，哺乳類の60%は，多かれ少なかれ果実を餌として利用する広義の果実食者である。ある果実は少なくとも複数種の動物によって利用される可能性があるので，1000種近い植物と数百種の動物とのあいだの結びつきは膨大な組み合せにのぼる。このように多様で複雑な系に，いくつかの軸で表現できる単純な関係が果たして存在するのだろうか。

　筆者らは，この問題に対して自動撮影装置を用いたアプローチを試みた。自動撮影装置とは，全自動カメラと赤外線センサを組み合わせて動物を無人撮影する装置である(図2)。装置の詳細はMiura et al.(1997)を参照されたい。熱帯林に限らず果実を介しての動植物相互作用の調査には24時間すべての時間帯で直接観察を行なう必要があるが，生身の人間にはなかなか難しい。自動撮影装置を用いると，動物と植物が相互作用し合うまさにその瞬間を24時間体制で観察することができ，選好性が低いため低頻度でしか利用されない植物種でも，その捕食者を検出することができる。

　約2年間の調査で，27科71種延べ108個体を自動撮影の調査対象とした。これは，パソ森林保護区の50haプロットに出現する全木本の科数の

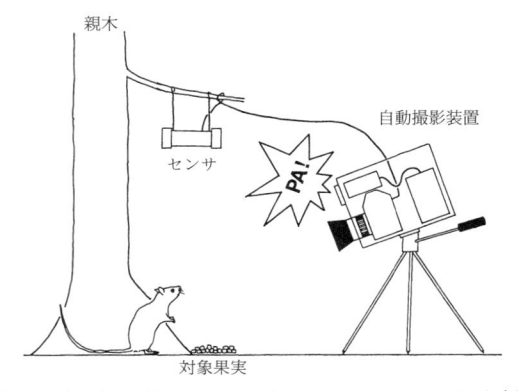

図2 自動撮影装置のしくみ(Miura et al., 1997を改変)

34.6％，種数の 8.6％ にあたる。調査は，なるべく自然状態を反映するために，地上に落下した果実を用いて親木の樹冠直下で行なった。東南アジアの熱帯雨林の特徴として，2〜10 年の間隔で多くの植物種が同調的に開花結実する現象（一斉開花，第 1 章参照）があるが，我々の調査は一斉開花の期間を含んでおらず，パソ森林保護区に優占するフタバガキ科植物については，分布種 30 種のうち 2 種のみが調査対象となった。それゆえ，調査は特定の植物分類群に偏ることはなく，えられた知見は非一斉開花年における「通常の」果実 – 果実食者の関係を示すものと考えられる。

えられた 1 万枚余の写真には 34 種の動物種が記録されていた。それらの動物種は哺乳類と鳥類だけでなく，爬虫類をも含む幅広い分類群にまたがっていた。この調査地では，毎月定期的に小型哺乳類のトラッピングを行なっているが，自動撮影法では，トラッピングで記録された小型の果実食者のほぼすべてが撮影されていただけではなく，マメジカ，ヤマアラシ，イノシシなど重要な大型の果実食者も記録されていた。このように，対象となる動物種の大きさが制限されないことは自動撮影法の大きな利点である。また，「果実」という果実食者の自然状態での餌を用いて，結実木の直下で調査を行なっているので，通りすがりの動物が偶然撮影されるようなことはほとんどない。実際，えられた写真には動物が果実を摂食している瞬間が数多く写っていた。

詳しいデータ解析には，もっとも多く写真がえられた植物種 49 種と動物種 16 種を用いた。その動物種 16 種の内訳は，哺乳類 13 種，鳥類 2 種，爬虫類 1 種である（表 1）。哺乳類の内訳は，齧歯目ではリス科 2 種（ミスジヤシリス，ハナナガリス），ネズミ科 5 種［オナガコミミネズミ，アカスンダトゲネズミ，チャイロスンダトゲネズミ（このトゲネズミ 2 種は近縁で，外見がひじょうによく似ているため写真からは判別できなかった），ホワイトヘッドスンダトゲネズミ，マレークマネズミ］，ヤマアラシ科 2 種（マレーヤマアラシ，ネズミヤマアラシ），ほかにツパイ目 1 種（コモンツパイ），霊長目 2 種（ブタオザル，ダスキールトン），偶蹄目 2 種（イノシシ，ジャワマメジカ）であった。鳥類 2 種の内訳はウチワキジとキンバト，爬虫類はミズオオトカゲ であった。これら 16 種（正確には分類群だが，ここでは便宜上，

表1 自動撮影装置で撮影された主要な動物の和名と学名対照表

哺乳類	
ミスジヤシリス	*Lariscus insignis*
ハナナガリス	*Rhinosciurus laticaudatus*
オナガコミミネズミ	*Leopoldamys sabanus*
アカスンダトゲネズミ	*Maxomys surifer*
チャイロスンダトゲネズミ	*Maxomys rajah*
ホワイトヘッドスンダトゲネズミ	*Maxomys whiteheadi*
マレークマネズミ	*Rattus tiomanicus*
マレーヤマアラシ	*Hystrix brachyura*
ネズミヤマアラシ	*Trichys fasciculata*
コモンツパイ	*Tupaia glis*
ブタオザル	*Macaca nemestrina*
ダスキールトン	*Presbytis femoralis*
イノシシ	*Sus scrofa*
ジャワマメジカ	*Tragulus javanicus*
鳥類	
ウキワキジ	*Lophura erythropthalma*
キンバト	*Chalcophaps indica*
爬虫類	
ミズオオトカゲ	*Varanus* spp.

種と記述する)の動物たちは，パソ森林保護区における主要な果実食者であるといえる。このうち以下で詳しく取りあげる4種について写真を示した(写真1)。

　ブタオザルは49種の植物のうち44種(89.8%)ともっとも多くの植物種の果実に来訪した(写真1A)。このことから，ブタオザルはきわめて多様な食生活を送っており，パソ森林保護区の植物のかなりの割合の果実を利用する可能性が示唆された。またブタオザルは，餌を頬袋にため，餌場を離れて移動しながら摂食し，不要な種子を吐きだすという行動を示す。それゆえ，彼らはこの森林の植物の種子散布に多大な貢献をしていると考えられる。

　2番目の優占種はオナガコミミネズミで，49種中の53.1%にあたる26種の果実を訪れた。本種はパソ森林保護区でもっとも優占する小型哺乳類であり，貯食行動をもつことが知られている(Yasuda et al., 2000)。貯食された果実が忘れられたり，貯食した個体が死亡して果実が未利用のまま残される

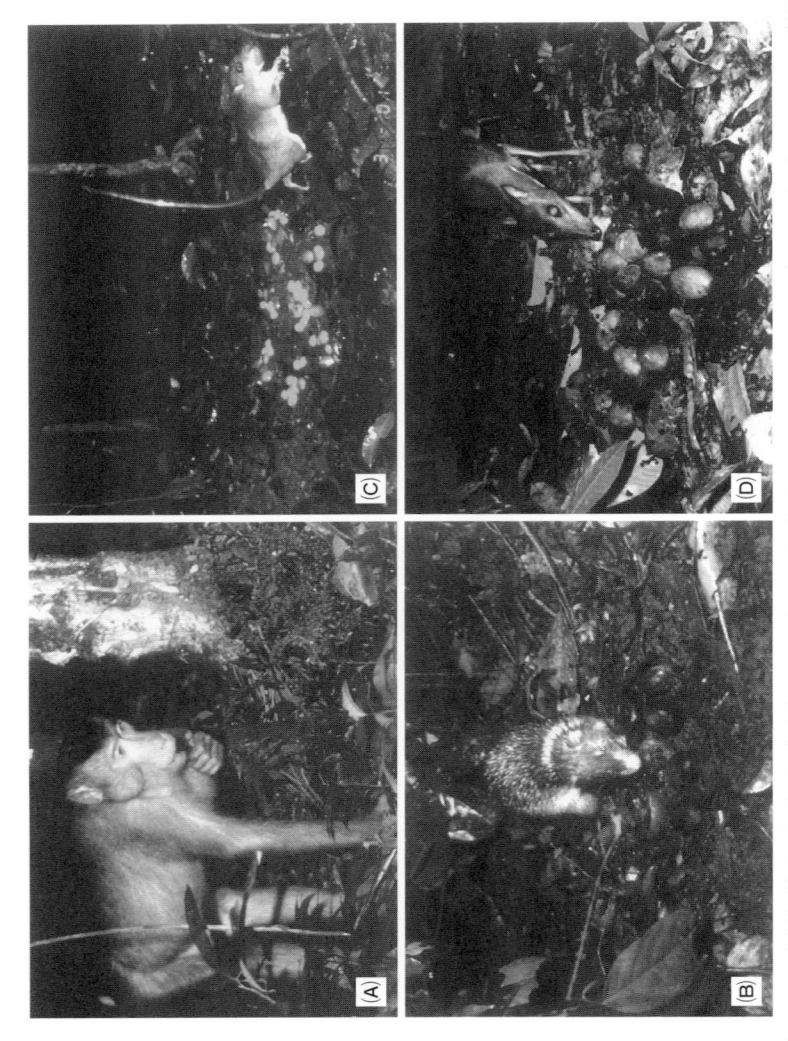

写真1 パリ森林保護区の主要な果実食者。A：ブタオザル（果実：*Myristica elliptica*），C：オナガコミミネズミ（果実：*Ormosia venosa*），D：ジャワマメジカ（果実：*Canarium littorale*）。すべて自動撮影装置で撮影された。

ことがあるので，貯食行動は植物の種子散布に貢献すると考えられている(Howe and Westley, 1988；Vander Wall, 1990)。実際，本種が果実や種子を口にくわえて運んでいく姿がしばしば撮影されている(写真1B)。

また，写真に示したジャワマメジカ(写真1C)とネズミヤマアラシ(写真1D)も主要な果実捕食者であった。ジャワマメジカはとくにイチジクやカンラン，ヤシ科のラタンの仲間，フタバガキ科サラノキ属の一種 *Shorea maxima* の果実捕食者として重要であった。ジャワマメジカは東南アジア熱帯林に広く分布する体重1〜2kgの原始的な有蹄類で，反芻胃をもち，林床の果実に依存して生活している。マメジカは，イチジク種子を消化管通過によって，カンランやラタンの種子を吐きもどしによって散布していると考えられる。一方，*S. maxima* では，マメジカは種子を破壊し子葉を摂食するため，種子の死亡要因として働いていると考えられた。また，ヤマアラシ類はいくつかの植物種の果実を独占的に利用することが明らかとなった。これについては栄養分析の結果をもとに後に議論する。

さて，このようにして，植物種49種と動物種16種をそれぞれ行と列とし，「ある植物種の果実で，どの動物種が何枚撮影されたか」という表(データマトリックス)をえることができた。このデータマトリックスは，果実に対する動物の選好性を表わしているが，そのままでは複雑すぎて本質がよくわからない。そこで，このデータをもとに除歪対応分析(DCA)を行ない，果実利用性の類似性によって動物種の座標づけを行なった(小林，1995参照)。

その結果を図3に示す。ブタオザルやオナガコミミネズミは，果実食者群集(DCA平面)の中心に位置し，さまざまな果実を幅広く利用する広食性果実食者であることが明らかとなった。一方，そのほかの動物種は中心から離れた場所に分布し，それぞれ特異的な果実を利用する狭食性果実食者であることが示された。すなわち，DCA平面上において，ヤマアラシ2種は左端に，コモンツパイ，ミスジヤシリス，およびジャワマメジカの3種は下方にまとまり，キンバトはもっとも右端に位置していた。

統計的手法により，DCA平面の横軸は果実の栄養価を，縦軸は果実の物理的防御の大きさを反映していると考えられた。ヤマアラシ類は脂質とエネルギーに富んだ果実を，キンバトは水分の多い果実を選択的に利用していた。

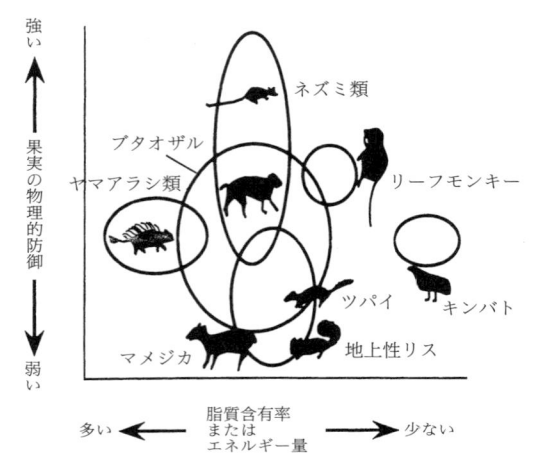

図3 パソ森林保護区における果実と果実食者の関係（Yasuda, 1998 より）

一方，ネズミ類は堅い果実を含んだ広い範囲の果実を利用する傾向があるのに対し，コモンツパイ，ミスジヤシリス，およびジャワマメジカは柔らかい果実を選好することが明らかとなった。

以上のことから，果実は，ある種の果実食者を誘引しつつ，そのほかの果実食者に捕食されないような防御対策をしていると考えることができる。これは，種子散布者を選別し，より有効な種子散布を行なうのに適しているだろう。しかしながら，果実の防御を破り，種子自体を捕食する動物も少なからず存在する。この場合，動物は植物にとって死亡要因として働く。また，種子捕食者——とくに齧歯類——は貯食行動をもつことがある。この場合，捕食者と散布者の境界は大変不明瞭となる。いろいろな果実の形質とその捕食者の採餌生態についてのより詳細な研究がこれから必要である。

我々の研究では，他地域の熱帯林で知られていた果実の重要な形質，すなわち色による選好性の違いはみいだされなかった。緑，黄，橙，赤，茶，白，紫，黒などさまざまな色を呈する果実を調査対象としたが，ブタオザルはそのほとんどを利用し，とくに非緑色の果実に偏った選好性を示すことはなかった。ブナ科のシイ属，カシ属，マテバシイ属などの堅果類については，成熟直前の緑色の果実をとくに好んで捕食した。

自動撮影装置による調査はすべて林床で行なわれたので，我々の調査では樹上における果実食の実態をとらえることはできなかった。このことが果実の色による選好性がみいだされなかった1つの原因なのかもしれない。東南アジアの熱帯林における樹上性果実捕食者としては，サル，リス，およびサイチョウが重要である。これらは昼行性で，発達した視覚をもつので，樹冠部の葉と果実のコントラストは餌を探索する際に重要な目印として利用されうる。確かに，色とりどりの果実が進化するには，果実食者との共進化が必要であろう。しかし，現実はもっと複雑である。たとえば，サル散布と考えられる野生のドリアンは，大型で緑色の果実をつけ，えもいわれぬ匂いで動物たちを引き寄せる。

4. 特異な選好性をもつヤマアラシ

　では，色以外のどのような果実の形質が動物の選好性と関係するのだろうか。一例として，ヤマアラシ類によって独占的に利用される果実について取りあげよう。パソ森林保護区にはネズミヤマアラシとマレーヤマアラシが生息しており，両種とも自動撮影装置を用いた調査でよく記録された。以下では撮影枚数が多かったネズミヤマアラシについて詳説するが，DCAの結果から両者の果実選好性はよく似ていることがわかっているので(図3)，ある種の果実をとくに選好するという性質はヤマアラシ類に一般的な傾向であると考えられる。

　ネズミヤマアラシは解析に用いた49種の植物種のうち28.1%の16種で記録された。そのうち独占的な果実利用の対象となった植物種は，先述したジリンマメの一種 *Pithecellobium bubalium*，オトギリソウ科のマンゴスチンの一種 *Garcinia nervosa*，ニクズク科の *Knema hookeriana*，*Myristica cinnamomea*，および *Myristica elliptica*，センダン科の *Dysoxylum acutangulum*，種名不明のマメなど幅広い分類群にわたっている。これらの果実の形態や色などの外部形質に共通点はみられなかった。これらの植物種において，ネズミヤマアラシは単独で撮影枚数の26.2〜95.7%を占め，もっとも優占する動物種であった。これらをヤマアラシ選好性植物とよぶことにする。

ヤマアラシ選好性植物には，ニクズク科植物が多く含まれる傾向があったが，その科に属するすべての種が選好されるのではなく，種子が大きくて堅く，種衣が肉質で厚い比較的大型の果実をつける種のみが好まれた。

ヤマアラシ選好性植物の果実で採餌対象となった部分は，ニクズク科では種子と種衣の両方，それ以外の植物種では種子のみであった。ヤマアラシ選好性植物の果実とそのほかの植物の果実の可食部について栄養分析を行なったところ，ヤマアラシ選好性植物の粗脂肪含有率は平均33.1％，含有エネルギー量は平均6153 cal/gであったのに対して，それ以外の植物では，それぞれ5.0％，4721 cal/gと有意な差があった。すなわち，ヤマアラシ選好性植物の果実は，(1)種子または種衣に脂質を多く含み，(2) 1 gあたりのエネルギー量が大きい，という特徴をもつ。このようにして，果実をめぐる動植物相互作用のパターンは，過去の研究で明らかにされてきたような果実の外部形態や色，大きさといった属性だけでなく，栄養学的側面からも理解できることが明らかとなった。

ではなぜ，ヤマアラシは栄養学的に優れた果実を選好するのだろうか。現時点ではヤマアラシの生態についての情報が少なく，半ば想像を語ることしかできないが，筆者はつぎのような仮説をもっている。ヤマアラシ選好性植物の果実にはヤマアラシのみが訪れるのではない。ネズミヤマアラシを含めて5〜9種の動物種が利用する。この数はほかの果実と比較してかなり高い。つまり，ヤマアラシ選好性植物の果実はヤマアラシを含めた多くの動物に選好される果実であり，果実をめぐる競争が激しい。ヤマアラシはほかの競争者と比較して体サイズが大きいので，餌場における干渉型競争に有利であろう。その結果として，ヤマアラシによる果実の独占的利用が起きるのではないだろうか。

ネズミヤマアラシは，独占的利用の対象となる果実が落下している期間中，毎晩餌場を訪れる。そのため，林床にある果実は翌朝までにほとんど消失した。熱帯雨林内における本種の生息密度はそれほど大きくないと考えられるが，体サイズが大きいため1日あたりの餌要求量が大きいと予想されるうえに，数個体からなる集団で行動するので，ヤマアラシ選好性植物にとって捕食による種子の死亡率はきわめて高いと推察される。しかし，本当にすべて

の種子が彼らに捕食されているのだろうか。

　ヤマアラシによる果実の独占的利用はカリマンタン（ボルネオ）島でも知られている。インドネシアの東カリマンタン州にあるムラワルマン大学附属ブキットスハルト研究林での調査によると，ボルネオテツボク *Eusideroxylon zwageri*（クスノキ科）の種子はヤマアラシ類に独占的に利用されるという。ヤマアラシはボルネオテツボクの堅く厚い種皮に鋭い門歯で穴をあけ，種子を摂食する。ボルネオテツボクの種子は大人のこぶし程度の大きさで重く，落下する以外に種子散布の手段をもたない。ところが，ボルネオテツボクの実生は親木から数十 m 離れた場所にも少なからず発生しており，明らかに何者かが親木のもとから種子散布をしているらしい（渡辺隆一氏，私信）。以上の状況証拠から考えると，ヤマアラシが貯食行動をもち，ヤマアラシ選好性植物の種子散布に貢献しているというシナリオがうかんでくる。この点については，さらなる調査によって明らかにされてくるだろう。

5. 果実食者の多様性と熱帯雨林の保全

　これまで，パソ森林保護区の果実-果実食者間の関係を，林床に落下した果実の運命に焦点をあてて描写してきた。しかし，これは現時点における関係にすぎない。アジアゾウやマレーバクといった大型の果実食者は，今回の調査ではまったく記録されなかった。パソ森林保護区において，これらの動物種は過去に生息が記録されているが，1950 年代以降に行なわれた周囲の森林の伐採とその後のアブラヤシ・プランテーションへの転換によって，保護区に残された森林は劣化・孤立化し，その過程で大型の地上性果実食者は局所的な絶滅，またはそれに近い状態に追いやられた。現存する 2500 ha のパソ森林保護区は，それら大型哺乳類の個体群を存続させるにはあまりに小さすぎたようだ。

　筆者は機会があってマレーシア半島のタマンネガラ国立公園で調査したことがある。約 60 km 四方の手つかずの天然林が残るタマンネガラ国立公園は動物の気配に満ちていた。早朝には，鳴き交わすテナガザルやサイチョウの声があちこちから聞こえ，林床を歩くと，そこここにゾウやバクの足跡や

糞塊があり，糞塊からはさまざまな植物の種子がみいだされた。そこには，パソ森林保護区では失われたか，失われかけている生態系の機能が，その構成者たちによって十全に機能しているさまがみてとれた。

　果実食者の消失は，彼らに種子散布を依存する植物種の繁殖成功度を低下させる。アフリカでは，ゾウに種子散布を依存している植物があるという (Chapman et al., 1992)。その果実は有毒で，ゾウであれば体が大きいためその毒も効き難くその果実を摂食することができる。この場合，ゾウの絶滅はその植物の絶滅を意味する。似たような関係が東南アジアの熱帯林にも存在するかどうかはまだ知られていないが，アジアゾウも，その体の大きさと移動能力の高さから，東南アジア熱帯林において，種子散布者としてひじょうに重要な役割を負っていることは確かであろう。

　熱帯雨林の多様性の保全には，果実食者の多様性の保全が不可欠である。果実食者の生態と行動についてより詳細な情報を蓄積し，熱帯雨林生態系のなかで果実食者が果たす役割をより深く理解していく必要がある。

第6章 萌芽をだしながら急斜面に生きるフサザクラ

東北大学・酒井暁子

1. 急斜面に活路をみいだす樹木

地面は起伏に富んでいる

　植物は，芽生えた場所で生涯を送らなくてはならない。したがって，大きく育ち長い年月を生きる樹木ともなると，芽生えた場所が，根を張って足場をしっかりと固定できる場所かどうかは重要である。ところが森林のなかは必ずしも平坦ではない。尾根あり谷あり，土砂が厚く堆積した場所もあれば岩盤がむきだしている場所もある。とくに日本のように急峻な山地地形が卓越している地域の森林では，地表の状態が狭い範囲でダイナミックに変化するのがむしろふつうである。せっかく実生が定着しても，成長の途中で押し流されたり岩盤ごと落下するといった危険が少なくない。こうした地表の撹乱に樹木はどのように対応しているのだろうか？　なすがままにうけいれているのだろうか。それともなんらかの対抗手段を進化させているのだろうか。

　かつて，森林に関する研究はどちらかというと平坦な場所を選んで行なわれる傾向があった。調査がしやすいということもあるが，地表が安定した均質な場所を選ぶことによって，樹種間の関係がより単純なものとなり理解しやすくなるからである。たとえば，地面の起伏は樹高の差を拡大したり縮小したりする。光を多くうけるためにより速く高くなる性質は，谷底では有効であっても，側面から光がはいる尾根筋ではあまり意味がないかもしれない。

こうしたノイズを除く意味でも平坦な場所は好まれた。その結果，地表が不安定な急斜面では樹木はどのように生活しているのかとか，そうした急斜面の存在が森林の構造や動態にどのようにかかわっているかといった研究はあまり進んでいない。

　本章では，急斜面を多く含む丘陵地で筆者が調べた森林植生と地形(微地形)との関係，および急斜面を生活の場とする特異な樹木フサザクラの適応戦略について紹介したい。

房総丘陵に生育するフサザクラ

　千葉県房総半島の中・南部に位置する房総丘陵は，周辺の台地や平野と比較して，出現する植物の種類が格段に多いことが知られている(大沢，1988)。丘陵地というのは，高低差 150 m 程度の小さな尾根と谷が連なる起伏の多い地形をさし，河川による侵食作用を強くうけているのが特徴である(松井ほか，1990)。房総丘陵では侵食作用はとりわけ激しく，この地形条件が，多くの植物種が生育するための多様な生育地を生みだしているのだと考えられてきた。たとえば，侵食作用によってきわめて幅の狭い尾根，いわゆるやせ尾根ができる。五葉松の仲間のヒメコマツは，千葉県では房総丘陵のやせ尾根の尾根すじ上に限って分布する針葉樹である。やせ尾根の尾根すじ上は水分・養分が不足しがちとなり，土壌に生息する菌類の活力が抑えられる。ヒメコマツはとりわけ菌害に弱いために，やせ尾根でないと更新できないのだといわれている。

　この章でとりあげるフサザクラ *Euptelea polyandra*(フサザクラ科)も，千葉県では房総丘陵に限って分布する樹種である(熊谷ほか，1992)。フサザクラは，日本の冷温帯下部〜暖温帯上部の丘陵地・山地に分布し，大きなもので直径 40 cm 樹高 20 m くらいになる中型の落葉広葉樹である。フサザクラは河川のまわりに多い。しかし，もし水分に恵まれていることが分布条件ならば，河川にそって平野部分にも分布を広げそうだが，そうしたことはない。では何が分布の有無を決めているのだろうか。丘陵の奥深い谷を歩いてみると，斜面はいたるところ岩肌が露出し，そこかしこに崩落土砂が堆積し，斜面崩落が頻繁に起きていることを伺わせる。そして注意してみると，フサザ

クラの分布する場所は，たいていの場合，斜面崩落によって削られた斜面か，その下部に堆積した崩落土砂の上かのどちらかであることがわかる。林道や歩道を整備したときにでた残土を捨てた法面(のりめん)の上に出現することも多い。このことから私は，フサザクラが生育するためには，侵食作用によって地面が撹乱されて荒れていることが重要なのではないかと思いついた。

丘陵の植生パターンを決めている地形的要因

　房総丘陵には，試験研究のために東京大学の附属演習林が設けられ，森林が管理されている。斜面の状態とフサザクラの分布の関係をはっきりさせるために，調査に手ごろな小さな流域(広さ3.4ha)を選び，地形とそこに生育している樹木について調べた(Sakai and Ohsawa, 1994)。その流域は房総丘陵のなかでもとりわけ森林がよく発達している場所の1つで，少なくともここ100年は人手がはいっていないことがわかっている。

　はじめに流域内の地形の記載を行なった(図1)。谷にそってみると30～50mくらいの間隔で小尾根がせりだし，小尾根と小尾根のあいだは浅くくぼんだ斜面になっている。小尾根とくぼんだ斜面のあいだには，傾斜変換線といって突然斜面の傾斜度が変化する場所や小崖があり，それはくぼんだ斜面の周囲を取りまくようにのびている。またそれらはくぼんだ斜面のなかにも分布している。表土の厚さを調べてみると，くぼんだ斜面の内部でとくに薄くなっており，岩盤がむきだしている場所も多い。こうしたことは，くぼんだ斜面の内部というのは，現在活発に侵食されている場所で，斜面崩壊が繰りかえし起きていたり，あるいはくぼんだ斜面そのものが斜面崩壊によって形成されたことを示している。

　つぎに樹木の分布について調べた。あらかじめ，流域全体を均等にカバーするように調査ポイントの位置を地形図上に印した。地形の細かな凹凸と分布する樹種との対応関係がはっきりわかるように，1つの調査ポイントはなるべく小さく(2m×2m)，また全体のようすを的確にとらえるために調査ポイントの数はなるべく多く(840カ所)したのが特徴である。調査ポイントの位置は，森林構造を把握するために，なるべく大径木が含まれるよう現地で微調整した。各ポイントに出現した高さ1m以上の樹木を記録した。

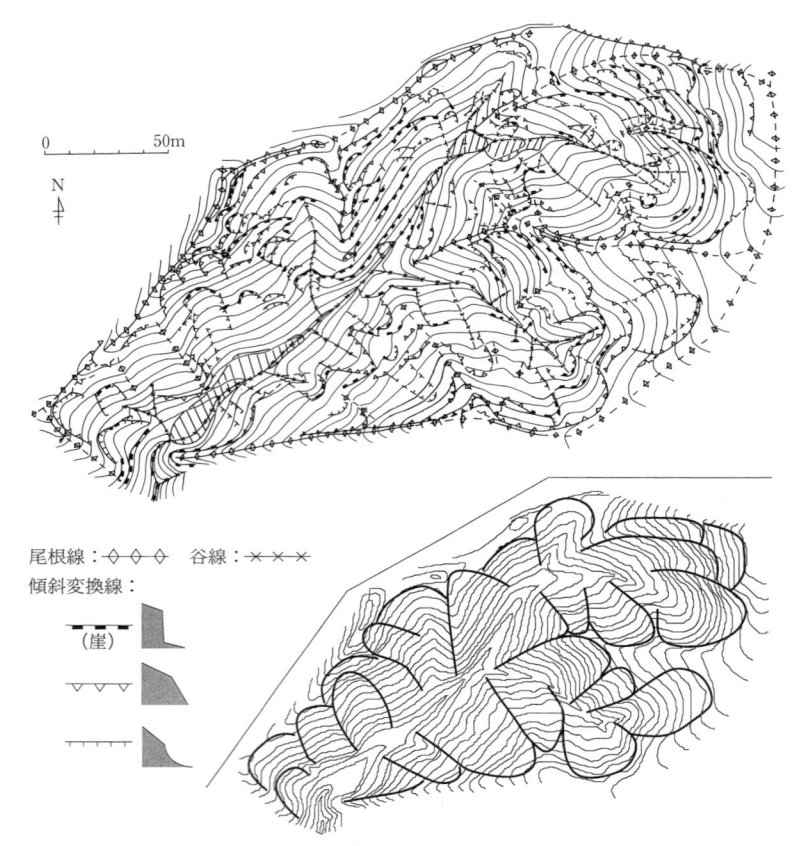

78　第II部　実生の定着と稚樹の生活

図1　房総丘陵の小流域図(Sakai and Ohsawa, 1994 より)。上：地形解釈図。図中に現われるおもな傾斜変換線について凡例に地形断面とともに記した。下：地形解釈図と現地踏査によって識別した流域の地形構造。斜面を区切る小尾根とそのあいだの浅くくぼんだ斜面が繰りかえし現われる。等高線の間隔は4m。

　調査を終えてみると，出現した木本植物は100種にものぼった。そこでわかりやすくするために，分布の似通ったものをグループにまとめることにした。30調査ポイント以上に出現した25種について，2種ずつのペアで，同じ調査ポイントにでた回数，両者ともでなかった回数，単独で出現した回数をカウントし，分布が独立であると仮定した場合との隔たりを計算した。これを総あたりで計算し，さらにクラスター分析という統計手法を用い，分布

の似通った樹種どうしをグループにまとめた。

　その結果，25種は以下の2つのグループに分かれることがわかった(図2・表1)。流域を取りまく大きな尾根とそのまわりの緩斜面・小尾根にそって分布する第一のグループと，谷すじからくぼんだ斜面のなかに分布を広げている第二のグループである。それぞれのグループが優占する場所は，地形的にはっきりと分かれており，両者は水平投影面積で約7:3の割合で流域を分けあっていることがわかった。

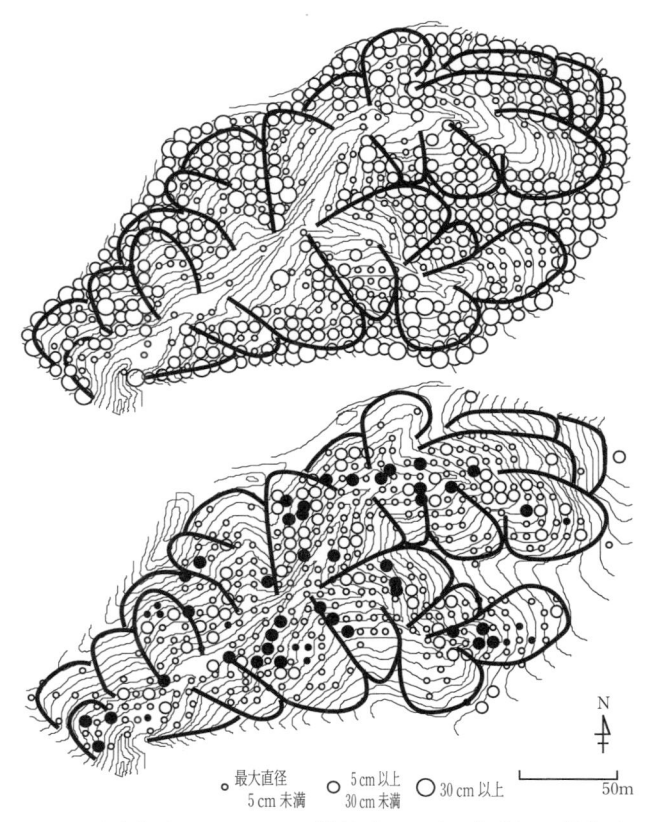

図2　異なる分布傾向を示す2つの樹種グループの出現した調査ポイント(Sakai and Ohsawa, 1994 を改変)。上：第一のグループ，下：第二のグループ。円の大きさは出現した個体の最大直径。第二のグループで塗ってあるのはフサザクラが出現した調査ポイント。

表1 房総丘陵の小流域において異なる分布傾向を示す2つの樹種グループ

第一のグループ	モミ・ツガ・スダジイ・アカガシ・ウラジロガシ・アラカシ・サカキ・ヒサカキ・ヤブニッケイ・モチノキ・シキミ・ヤブツバキ・カクレミノ・カゴノキ・シラキ・イズセンリョウ
第二のグループ	フサザクラ・キブシ・タマアジサイ・ムラサキシキブ・ヤブムラサキ・アオキ・イヌガヤ・シロダモ・イロハモミジ

　第一のグループは，表1のように大部分が常緑の高木性樹種である。モミ・ツガ・スダジイ・アカガシなど，この地域の林冠層を構成しているおもだった樹種がすべて含まれている。このうち大径木だけを取りあげると，分布はさらに尾根の稜部に限定される傾向があった。流域は，外から大ざっぱにみると常緑樹ですっかりおおわれた森林である。しかし個体ごとにくわしくみると，じつはそれらは地表の状態にデリケートに対応して分布しており，侵食が進んでいるくぼんだ斜面の中央部では，分布が欠落しているようすがはっきりわかる。航空写真で確認すると，尾根周辺では常緑樹の濃い樹冠が重なりあって林冠を密におおっているが，くぼんだ斜面の中央部や谷すじにはこれらの樹冠が届かず，林冠ギャップとよばれる地表近くまで光のはいる状態になっている。

　そうした第一のグループが欠落している場所を占有しているのが第二のグループである。このグループはおもに落葉広葉樹や低木類からなる(表1)。一般に常緑樹は落葉広葉樹よりも成長は遅いが，耐陰性が強く落葉広葉樹の下層でも成長できるので，実生・稚樹の定着が可能であれば第二のグループは第一のグループに置き換えられていくと考えられる。しかし少なくとも現在では，2つのグループは分布がはっきり分かれており，稚樹も成木とほぼ同じ分布傾向を示している。したがって，第二のグループの占有は少なくとも数世代にわたるような永続的なものであると考えられる。前述したように，くぼんだ斜面の内部というのは，活発な侵食作用により地表が頻繁に撹乱されている場所である。したがって，第一のグループはそうした地表の撹乱に弱く，一方，第二のグループは地表が撹乱されている場所でも成育できる性質をもっており，第一のグループが分布できないために生じた林冠ギャップ(地形的ギャップ)に生育の場を求めていると考えることができる。

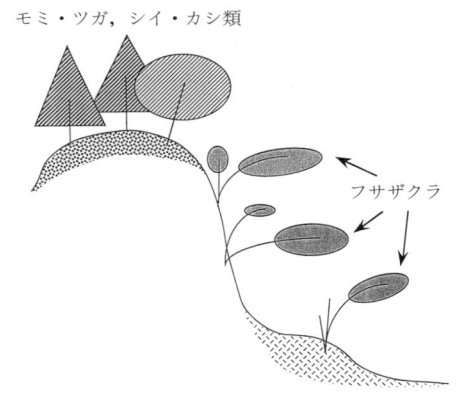

図3 フサザクラの生育地の模式図

　以上のことから，侵食作用による地表の撹乱は，この流域の森林の全体的な構造を決めている主要因であると考えることができる．森林植生と地形との対応関係が場所による地表の安定性の違いで説明できることは，急斜面が卓越するほかの地域の研究でも報告されている(Hara et al., 1996；Naga-matsu and Miura, 1997)．

　では，地表の撹乱に強いと考えられる第二のグループは，実際には撹乱の影響をどの程度うけ，またそれに対してどのような対抗手段をもっているのだろうか？　フサザクラは第二のグループのなかでもっとも出現した量(胸高断面積合計)が多かった樹種である．つまり，フサザクラははじめの予測どおり地表が撹乱されている場所を生育地としており，さらに房総丘陵においてはそうした場所を代表する樹木であることがわかった(図3)．

　そこで以下ではフサザクラを取りあげて，その種特性ついて述べる．

2. 急斜面で生きるフサザクラの生活史

損傷をうけても萌芽で修復する

　前節の流域(流域1)および4 kmほど離れた別の流域(流域2；2.4 ha)で，高さ30 cm以上のすべてのフサザクラについて調査を行なった(Sakai et

写真1 フサザクラの写真(Sakai et al., 1995 より)。A：よく発達したフサザクラ個体。B：根返りしたばかりの個体。幹の途中や地際から萌芽幹が育っている。C：根返り後，萌芽によって修復された樹形。くの字に折れ曲がっているところから萌芽幹が育って新たな樹冠を形成し，本来の主幹は枯れ落ちた。地際からも細い多数の萌芽幹がでている。

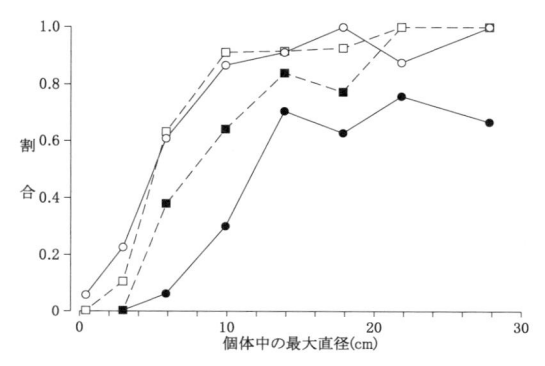

第6章　萌芽をだしながら急斜面に生きるフサザクラ　83

図4　フサザクラの各個体が萌芽幹をもっている割合(流域1：○，流域2：□)と結実している幹をもっている割合(流域1：●，流域2：■)(Sakai et al., 1995 より)

al., 1995)。

1本1本みていくと，はじめに気がつくのは，幹を複数もつ個体が多いことである(写真1A)。芽生えのときには幹は1本なので，成長の途中で萌芽して幹の本数が増えているのである(図4)。幹数は，個体の成長とともにしだいに増える傾向があった。各幹は，直径10 cm くらいになると開花・結実を開始する(図4)。成熟個体では，種子をつける幹(1〜3本)が樹冠を形成し，それらの地際から直径2 cm以下の小さな幹が生じているものが多かった。

つぎに目につくのは，地面から根が浮きあがったりはがれたりして，幹が傾いたりさらには転倒してしまっている個体(写真1B)が多いことである。こうした根返りを起こすと，地面に不自然な盛りあがりやくぼみができたり，樹形が変形したりするなどの跡が残る。この根返りの痕跡をもっている個体の割合は，2つの流域でそれぞれ全体の31％と43％に達した。成熟個体だけでは5割をこえている。一般に高木性樹木においては，根返りは枯死に結びつきやすいので，この割合の高さは異様である。前節で述べたように，フサザクラが生えている場所は地表が軟弱で崩れやすい。フサザクラはもろにその影響をうけ，成長の途中で自分の重みや斜面の表層崩壊のまきぞえになって根返りしてしまうことが多いことがわかった。

一般に樹木は，傷ついたり光不足などで弱ったときに，萌芽して新しく地

上部を再生する能力をもつ。この能力は樹種によって異なっており，再生能力に優れている樹種もあればそうでない樹種もある。豪雪地(Homma, 1997)や火災多発地(津田，1995)といった，機械的な損傷をとくにうけやすい環境には，高い萌芽再生力をもつ樹種が存在することが知られている。フサザクラの場合も，根返りを経験してもなお生存している個体と萌芽している個体の割合がともに高いことから，萌芽再生力がとても高いために撹乱地に生育できるのだと推測できる。では実際，萌芽は個体の寿命を引きのばす役目を果たしているのだろうか？　この調査では，残念ながら萌芽幹を生じる過程を直接観察したわけではないので，根返りと萌芽の因果関係は正確にはわからない。しかし，萌芽が個体の寿命を引きのばしている証拠をあげることは可能である。第一に，主幹の交代である。1つの個体のなかに，根返り枯死した幹がまざっていることがある。生存しているすべての幹がそれよりも細い(若い)ときには，その個体はかつて萌芽したことによって個体全体の枯死を免れた経験があるといえる。また，写真1Cのように，幹の根元近くが地面と水平にのび，地際から数mのところで突然上に折れ曲がってのびる樹形をもつものがある。これは根返りを起こした後，幹の途中から萌芽幹がでて樹冠を再生し(写真1B)，本来の主幹が枯れ落ちてしまったものである。この主幹交代が個体のもっとも太い幹で起きている場合も，その個体は萌芽によって個体全体の枯死を免れたことがあるといえる。これら2つのケースのどちらかにあてはまる個体は，2つの流域でそれぞれ16%と18%あった。

　図5(上)は，地形を調べた流域でのフサザクラの個体サイズ分布である。ふつう，連続して順調に世代交代(更新)を行なっている樹木集団というのは，小さいものほど個体数の多いL字型のサイズ分布をしている場合が多い。これは一般に，小さい個体ほど死にやすいからである。ところが，フサザクラでは大きな個体から小さい個体まで連続的に存在するものの，小さい個体ほど多いという傾向はない。これは1つには，フサザクラの実生が定着できる場所が比較的限られているためである。フサザクラの実生がみつかるのは，たいてい明るく湿った場所である。しかしそうした所には草本が繁茂しやすい。フサザクラの実生はとても小さく成長もあまり速くないので，簡単に草

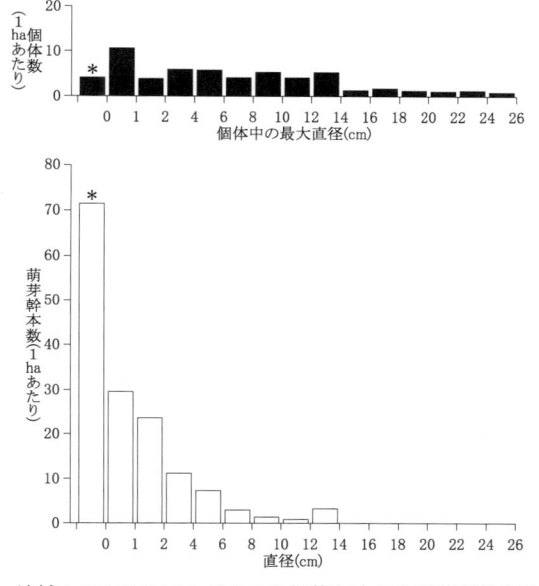

第6章　萌芽をだしながら急斜面に生きるフサザクラ　85

図5　流域1におけるフサザクラの個体（上）および萌芽幹（下）のサイズ分布（Sakai et al., 1995を改変）．横軸は地際から高さ1mでの直径，＊は高さ30cm以上1m未満のもの．

におおわれ成長できなくなってしまう．したがって斜面崩落によって草本とそれらの種子がまじっている表土が根こそぎはぎ取られたばかりの新しい裸地は，フサザクラの実生が定着する絶好の場所なのである．しかしこの調査地のような小さな流域では，斜面崩落の規模も小さく，一度に定着できる実生の数は少ないのだと考えられる．一方，小さなサイズクラスには，少ない個体数を補うようにたくさんの萌芽由来の幹が存在している（図5下）．新しい個体の定着は容易でないかわりに，萌芽再生によって個体の死亡率が低く抑えられているため，図5のような個体サイズ分布になっているのだと考えられる．

保険的に早め早めに萌芽する

　フサザクラの萌芽には修復の機能が認められたものの，新しい幹の出現は必ずしも根返りの痕跡の有無と対応していない．図4でわかるように，萌芽

幹をもっている個体の割合はサイズとともに増加し，十分大きな個体ではほぼ100%である。しかしながら萌芽幹をもっているすべての個体が根返りの痕跡をもつわけではない。また，萌芽幹が複数ある場合，それらのサイズはたいていばらばらで，根返りしたときにいっせいにでたというよりは，長期間にわたってだらだらと萌芽していることがわかる。

　これらのことはどのように理解したらよいのだろう。調査では，幹の傾きについても調べた。その結果，根返りの痕跡の有無にかかわらず，ある程度の大きさの幹はすべてひどく傾いていることがわかった(図6)。このうち，幹を複数もつ個体についてみると，細い幹，すなわち萌芽によって生じた幹

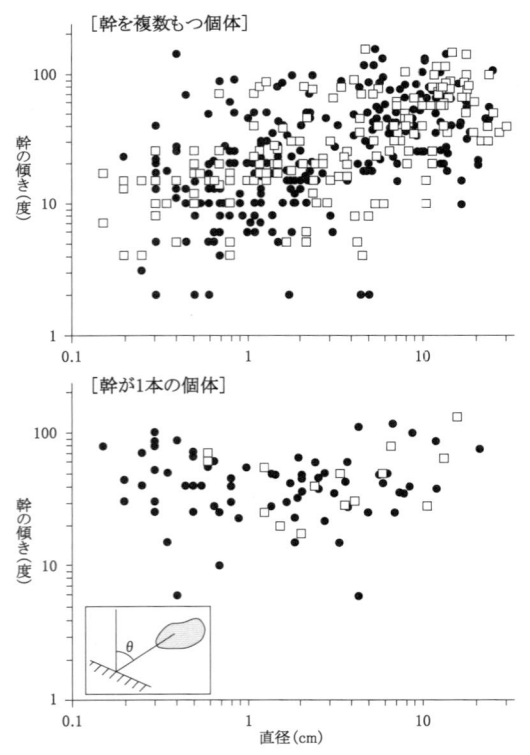

図6　高さ1m付近で計測したフサザクラの幹の鉛直方向からの傾き(Sakai et al., 1995より)。流域1：●，流域2：□

は，はじめはほぼ垂直にのび幹の成長とともに傾きが大きくなっていることがわかる（幹の直径と幹の傾きのあいだには有意な正の相関がある）。一方，幹が1本しかない場合の小さな幹，すなわち種子から出発してまだ萌芽を行なっていない稚樹個体では，大きな個体と同じくらい幹が傾いていることがわかる。萌芽幹は，母幹の斜面上側の地際付近からでていることが多い。種子由来の幹と違って，細いあいだは母幹にしっかり支えられてまっすぐのびることができ，その後，成長とともに少しずつ根返りを起こし，だんだんと斜面下に向かって傾いてしまうのだと考えられる。そのため，発達した個体を横からみると，地際を軸として太い幹ほど下に傾いた扇形の樹形になっていることがよくある。

こうしたゆっくりとした根返りを起こす要因の1つとして，根の形態が関係していると考えられる。植物の形態というと枝ぶりや葉のかたちなど地上部に目がゆきがちだが，地下部についても種ごとに特徴的な形態をもっている（苅住, 1979）。樹木の根系には，大きく分けて，中心に主根（tap root）とよばれる剛直な太い根が発達し，そこから分岐して細い根がでているタイプと，主根があまりはっきりせずにいきなり細い根がでるタイプとがある。フサザクラは後者のタイプである。

根の形態は，根返りに対する抵抗力に影響する（Stokes et al., 1996）。根を深くおろせる場所では，発達した主根はくさびのような役割をする。木を引き抜く実験やシミュレーションによって，発達した主根は，とくに樹木が小さいあいだは根返りを防ぐのに有効であることが確かめられている（Crook and Ennos, 1998）。

しかし，フサザクラの生育地では主根を発達させることは難しい。フサザクラの近く（斜面に向かって1mくらい横）に細い鉄の棒を刺して表土の厚さを調べたところ，流域全体で平均13.6 cmしかなかった。ほとんど岩盤がむきだしになっていることも多い。フサザクラは主根をもたないかわりに，たくさんの細い根をタコの足のように広げ，岩の表面を這い隙間にはいり込んでいる。そのため，根返りする場合も文字どおり根こそぎはがれてしまうのではなく，斜面下側は地面についたままの場合が多く，斜面上側も先端のほうが地面に残って弓のように幹をひっぱっていることが少なくない。

このように，フサザクラは根返りを起こしやすいものの，多くの場合，根のはがれ方が不完全なために，幹も完全に転倒せずに斜めにとまっているものが多いのだと推測できる。前述したように，損傷をうけている割には個体全体の枯死率が低いのは，こうした根の性質にあずかる部分も大きいと考えられる。

　フサザクラでは，萌芽幹がでるとき，それが地表近くであれば萌芽幹のつけねから根もでる。調査では，1本ずつ根もとを探り，高さ30 cmくらいのごく小さな萌芽幹でも独自の根をもっていることを確認した。したがって，萌芽幹をだすことは，地面への固定を強化する利点もあるのではないかと思える。

　まとめると，フサザクラは，重大な損傷をうけたときにこれを修復するためにはじめて萌芽するというよりも，むしろある大きさまで成長すると自然に萌芽している。そうした萌芽をだすことで，結果として，成長の過程で自然に引き起こされるような軽度の損傷を修復し，損傷が拡大して致命的になるのを防いでいると理解できる。

萌芽によって効率的に受光する

　これまでは萌芽の役割を，成育にとってマイナスである損傷を修復によってカバーするといった面についてみてきた。しかし，樹木の萌芽には，損傷を修復するだけでなくもっと積極的な意義が考えられる場合もある（酒井，1997）。

　フサザクラの場合，幹が傾くとともに葉群は斜面の下方へと移動する。そのため上空に隙間ができる。新しい萌芽幹は垂直にのび，隙間を埋めるように成長する。萌芽幹をもっている個体の約70％では，地際の直上を占める葉群は萌芽幹のものだった。その萌芽幹も成長とともに傾いて，また新たな萌芽幹が成長する。あたかも後から育つ幹のために上空をゆずっているようである。

　また，急斜面では，垂直にのびるよりも斜めにのびたほうが，より多くの光をうけられてじつはつごうがよい（適応的である）とのシミュレーション結果が示されている（Ishii and Higashi, 1997）。したがって，もしかすると幹

が斜めになること自体に適応的な意義がある可能性もある。

3. 萌芽するためのメカニズム

萌芽のための休眠芽

　温帯の落葉広葉樹では，夏から秋に，枝の先端や葉腋に冬芽が形成され，翌春にそれが開芽して新たな枝葉(シュート)を形成する。しかしすべての冬芽が開芽するのではなく，大部分のものは休眠したままで，やがて枝の肥大成長とともに埋もれ消失してしまうか，あるいは潜伏芽として生涯休眠してしまう。しかし樹種によっては，そうした芽の一部が休眠したまま毎年少しずつ伸長し，休眠芽として幹や枝の表面に長期間とどまる場合がある。萌芽とは，こうした休眠芽や潜伏芽が何らかのきっかけで活性化し，二次的に形成するシュートである(Kozlowski, 1971)。形成層などの分裂組織から新たに原基が分化して萌芽をだす場合もある。

　フサザクラは，よくめだつ休眠芽をもっている。観察すると，幹に点々と，あるいは数個～数十個がかたまって，黒いいぼのようになった芽がついている(写真 2)。ふつうの冬芽は長さ 6～8 mm とかなり大きく先端はとがっているが，幹についたいぼのような芽は，これよりかなり小さく先端は丸い。なぜこれが休眠芽とわかるかを説明しよう。芽をむいてみる。外側の皮は芽鱗といって芽を保護しているものである。冬芽の芽鱗の枚数は種によってだいたい決まっていて，フサザクラの場合 7～9 枚くらいである。一方，いぼのような芽は細かい多数の芽鱗に包まれている。たとえば直径 6.4 cm の幹についていた芽の芽鱗を数えたら 53 枚もあった。冬芽のなかには翌年の葉が準備されているのがみられるが，いぼのほうには新しい芽鱗が用意されており，葉らしいものはみあたらない。また，細い幹の上では，これらの芽は螺旋状に並んでいるのが確認できる。これは，かつて葉が並んでいた形(葉序)と一致する。さらに幹を輪切りにしてみると，芽から幹の中心まで芽が伸長した跡が筋となって残っている。これらの特徴は，もともとは当年枝の葉腋についていた冬芽(腋芽)が，毎年新しい芽鱗をつくりながら，幹に埋もれない程度に少しずつ伸長していることを示している(Kozlowski, 1971)。

写真2 幹につく休眠芽および通常の冬芽の外観と内部の電子顕微鏡写真（Sakai et al., 1995 より）。A・B：休眠芽，C・D：冬芽

また，数十の芽が塊となってついている部分の幹を切り取って内部をみたところ，芽の伸長痕は放射状にのびて内部でつながっており，分裂して増えたものであることがわかった。こうした休眠芽塊はとくに太い幹の地際付近でみることが多かった。

萌芽能力に優れた樹種では，こうした休眠芽をしばしば多量に保持していることが知られている。自然に萌芽する性質をもつイヌブナなどでも観察できるほか，伐採後の萌芽能力の高いヨーロッパのカバノキ属の樹種などでは，休眠芽の分裂・増殖の過程が詳しく調べられている。図7に，フサザクラが地際近くの幹の表面にもっている休眠芽の数を示した。幹ごとについてみると，ごく細い幹のうちから休眠芽をもっていることが確認できる。休眠芽数

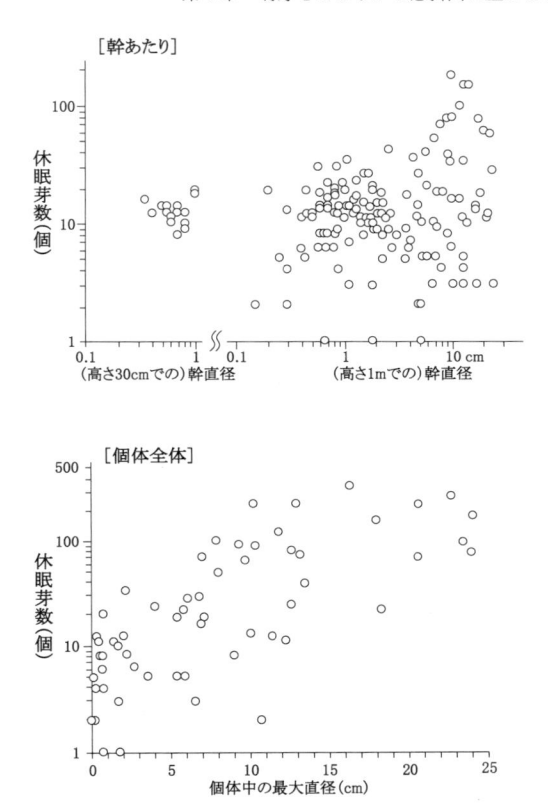

第6章　萌芽をだしながら急斜面に生きるフサザクラ　91

図7 フサザクラの幹の地際から高さ50 cmまでについていた休眠芽の数
（Sakai et al., 1995 より）

は幹が成長するにつれて少なくなってしまう場合もあるが，休眠芽塊を形成して増える場合もある．個体全体で合計してみると，個体が成長するにつれて休眠芽の数は増える傾向にあることがわかった．フサザクラは，萌芽を行なうために休眠芽を蓄えているのである．

養分をどこから調達するのか

　さまざまな樹種で一般に，同じサイズの種子由来の稚樹と萌芽幹を比べると，萌芽幹のほうが成長が速いことが知られている．これは，萌芽幹は栄養的に親幹に支えられているからである．このことは逆に，親幹は養分を使っ

て萌芽幹をだしていることを意味している。また一般に樹木は，冬に伐採した場合に比べて，展葉直後に伐採すると萌芽再生がいちじるしく抑えられることが知られている。その原因の1つに，冬には翌春の成長のための養分が幹や根に蓄積されているが，展葉後はこれが少なくなっていることがあげられる。これらのことは，萌芽するためには養分が必要であることを示唆している。

　このことから，萌芽再生力に優れている植物というのは，萌芽するための養分を積極的に蓄えていることが期待される(Iwasa and Kubo, 1997)。実際，火災や食害に対する耐性力をそなえた樹木や多年生草本のなかには，将来の萌芽再生にそなえて，地上部の成長を犠牲にして地下部に大量の養分を蓄えているものが数多く知られている。たとえば，北米に分布するコナラ属の *Quercus rubra* は萌芽再生力が強く，火災や伐採の頻度が高い地域ほど優占度が高くなる樹種である(Crow, 1988)。稚樹を使った実験によると，同じ林に成育するほかの樹木と比べて，光合成速度は中程度なのに成長速度(RGR)は遅い。根への養分分配率が高いために，効率的な拡大再生産が行なえないためである(Walters et al., 1993)。そのかわり地上部が切り取られたときには，根に含まれている養分を使ってすみやかに再生することができる(Kruger and Reich, 1993)。

　では，フサザクラも萌芽にそなえて養分貯蔵を行なっているのだろうか。フサザクラの植物体に含まれている養分量が多いか少ないかを評価するために，調査地域に自生するほかの落葉広葉樹から，萌芽力の高いコナラと萌芽力が低いアカメガシワ・イイギリを選んで比較を行なった。コナラは，伐採などによって損傷された場合の萌芽再生力がたいへん高く，上述した *Q. rubra* と同じような性質をもっていると思われる樹種である。アカメガシワ・イイギリはいわゆるパイオニア樹木で，裸地や林内のギャップなど明るい環境に成育する。これらはフサザクラのように自然状態で地際から萌芽していることは少ない(島田, 1994)。また，伐採後にコナラのような旺盛な萌芽再生を行なうことも知られていない[ただしアカメガシワは，根萌芽というタイプの萌芽をだすこともある(峯苫ほか, 1998；Mishio and Kawakubo, 1998)]。

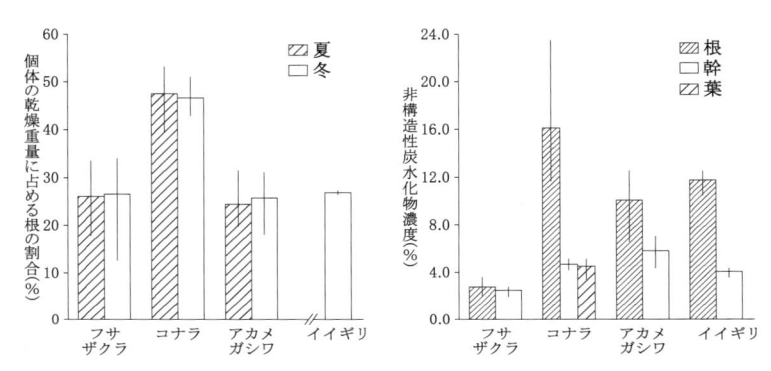

図8 落葉樹4種の稚樹における根の割合(左)と各器官に含まれる貯蔵養分の濃度(右)(Sakai et al., 1997より)。貯蔵養分は冬のデータのみ示す。

調べた流域の近くで，フサザクラ・コナラ・アカメガシワ・イイギリの稚樹を探して掘り取り，植物体各部分の乾燥重量と養分(炭水化物)濃度を測定した(Sakai et al., 1997)。一般に樹木に含まれる炭水化物濃度は季節によって変化することが知られている。そこで測定は冬と夏の2回行なった。その結果(図8)，両シーズンとも，フサザクラの乾燥重量に占める根の割合は小さく，アカメガシワ・イイギリとほぼ同じでコナラの1/2ほどしかないことがわかった。また両シーズンとも，根に含まれる炭水化物濃度はフサザクラが4種のなかでもっとも低かった。この結果は，フサザクラは萌芽のための養分を地下部に蓄えていないことを示している。

ではフサザクラは，萌芽のための養分をどのようにして調達しているのだろうか。つぎの2つの仮説が考えられる(Sakai et al., 1997)。

(1)地上部依存仮説

フサザクラでは，火災や伐採などの場合と違って，萌芽するときには地上部が消失せずに残っており，あるいは前述したように母幹の葉群が健全なままであることさえ少なくない。そのため，萌芽のための養分は地上部から直接えているのかもしれない。

(2)資源不要仮説

本来，萌芽すること自体に多くの養分は不必要であり，コナラなど一般に萌芽力の強い樹種がもっている多量の貯蔵養分は，萌芽幹の成長速度を高め

て隣接個体との競争に勝つためのものかもしれない。フサザクラの生育地は樹木密度が低い場合が多いので，だとすると，そうした養分貯蔵は不要である。

　これらの仮説を検証するために伐採実験を行なった(Sakai and Sakai, 1998)。仮説(1)が正しい場合には地上部がなければ萌芽できないであろうし，仮説(2)が正しい場合には地上部がなくとも萌芽できるであろう。そこで冬に地上部を伐採し，翌年の生育シーズン後に萌芽を刈り取って乾燥重量を測定した。伐採は，切り株に含まれる養分量を違えるために異なる高さ(150 cmと10 cm)で行ない，比較のためにコナラやアカメガシワでも同じ処理を行なった。この結果(図9)，フサザクラの萌芽再生量はどちらの処理でも3種のなかで最低で，ほとんど無視できる量でしかなかった。これはつまり，地上部のかなりの量，または幹だけでなく葉群などが存在しないと，フサザクラの萌芽力は大きく落ちることを示しており，仮説(1)を支持している。

　樹木の萌芽戦略について資源配分の面から検討したこれまでの研究は，おもに火災が多発する地域で進められてきた。火災の場合には，地上部が突然消失したり大きなダメージをうけてしまう。したがって，萌芽再生力を保持するためには地下部に養分を貯蔵しなくてはならないのであろう。一方，地表の撹乱が引き起こすフサザクラの損傷の場合には，前述したように，地上部はすぐには消失せず，さらに損傷が軽度な段階で萌芽をだしてこれに対応している。地下部に養分を貯蔵することは多少とも成長速度の犠牲をともなう。したがって，フサザクラは養分を貯蔵せずに普段は地上部の拡大再生産

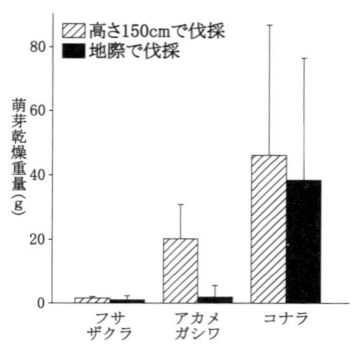

図9　落葉樹3種の小径木(直径10 cm未満)の伐採後の萌芽再生量(Sakai and Sakai, 1998より)

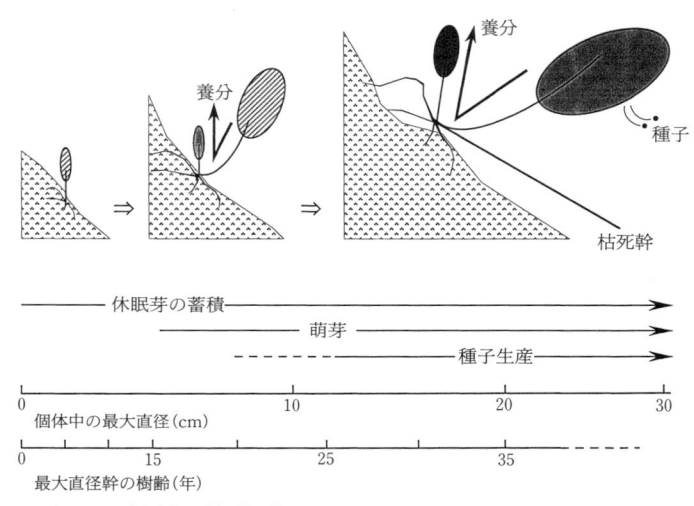

第 6 章 萌芽をだしながら急斜面に生きるフサザクラ　　95

図 10　フサザクラの生活史の模式図（Sakai et al., 1995 と Sakai and Sakai, 1998 を改変）。樹齢は Sakai and Ohsawa（1993）で調べた直径と樹齢の関係による。

に用いながら，撹乱をうけた際にはこれを回収して萌芽するというたいへん合理的な戦略を選択しているのだと考えられる。

　以上で述べたフサザクラの生活史をまとめたのが図 10 である。これまでに，このような不安定な急斜面に対応した高木の萌芽戦略は知られていない。しかし，カツラ・イヌブナなど，森林のなかには自然に萌芽を繰りかえしている樹木が意外に多い。地形が急峻な日本の森林においては，フサザクラほど顕著でなくても，地表の撹乱の影響をうけながらこれに対抗する戦略を進化させている樹種が意外と多いのだろうか。さまざまな樹種を対象にした今後の活発な研究を期待したい。

第7章 熱帯雨林におけるフネミノキの樹形変化

熊本県立大学・山田俊弘

1. 空間獲得戦略としてみた樹形

　植物は動物と異なり，一度定着すると餌を求めて移動することができない。そのかわり，定着した場所で枝と幹を発達させることで葉を3次元的に効率よく展開し，"餌"となる"光"を捕捉する能力をもっている。すなわち植物は，枝や幹の成長を調節し，光合成に不可欠な光を効率よく獲得しているのである。こう考えると，幹と枝の配置によって規定される樹形は植物の光エネルギー獲得の戦略と考えることができる。したがって，枝や幹の配置は，動物の摂食行動と同様な意味をもつといえる。動物の摂食量がその動物の生残や繁殖と深く関係しているのと同様に，植物の樹形も成長や生残戦略と密接に関係していると考えることができる。

　樹形が空間獲得のための植物の戦略だと考えて，樹形のもつ生態学的な意味を考察してみよう。植物が成長に使えるエネルギーに限りがあり，植物の成長する方向として樹高成長のための高さ方向と樹冠面積拡大のための横方向がある場合を考える。熱帯林では，林床に達する光のほとんどは，天頂方向から差し込むので(Chazdon, 1985)，現時点での生残価，つまり林床で生残し続けることだけを考えるならば，横方向への成長により多くのエネルギーを投資し，葉を広くかつ重なりを少なくするように展開するべきであろう。しかし，この成長戦略では，高さ方向の成長への投資量が少なくなり，

樹高成長が遅くなってしまう。したがってこれは，林床で繁殖し生活史を終える森林生の低木などにとってはよい成長戦略といえる。

しかし，この戦略はフネミノキのような巨大木や林冠構成木の稚樹にとってはどうであろうか？　巨大木や林冠構成木の多くは，林冠層に達するまで繁殖を開始しない。だから，これらの植物の稚樹にとっては，林床で生きながらえるのと同じくらい，林床を抜けて林冠層に達することが必要となる。すなわち，巨大木の稚樹には高さ方向への成長が重要となるのである。また，熱帯林内では地上からの高さが増加するに従い，光環境は指数関数的によくなることが知られている(Yoda, 1974)。高さ方向への成長にエネルギーをまわし，樹高をかせぐことは，その植物が将来より強い光をうけられることにつながる。このように，空間獲得戦略としてみた場合，林床に生える植物の樹形のもつ生態学的な意味は，樹形がその時点でその植物に与える利益と，将来その植物に与えるであろう利益の両面から評価される必要がある。

暗い林床に生息する植物の生産量は多くない。この限られたエネルギー予算のなかで，どのくらいを横方向の成長に用い，どの程度を高さ方向の成長に使うのかは，植物にとって，生きるか死ぬか，子孫を残せるか否かをかけた重要な命題であろう。そして，この高さ方向と横方向の成長へのエネルギーの投資量によって決定される樹形は，進化の過程でその植物の繁殖成功率を最大にするような強い淘汰圧をうけてきたと考えられる。植物は遺伝的に決定された，種に固有の成長様式と樹形をもっている。これらの成長様式と樹形が，繁殖成功率を最大にさせる強い淘汰圧の結果生じたものだと考えるならば，植物の樹形と成長様式には，その植物の成長と生残戦略が反映されていると考えられる。本章では，マレーシアの熱帯雨林にふつうに出現するフネミノキ *Scaphium macropodum* の樹形と成長様式を解析し，フネミノキがいかにして林床で生きのび，かつ林冠に達するのかという，生残・成長戦略を考察してみよう。

2. フネミノキという植物

フネミノキやフネミノキ属の植物は日本に生息していないので，フネミノ

98　第II部　実生の定着と稚樹の生活

写真1　フネミノキの果実

キを知っている読者は少ないことと思う。フネミノキは，街路樹に使われるアオギリに近縁だが，両者のあいだには果実1個あたりの種子数，心皮の長さ，心皮の裂開する時期に差があり，分類学的にも別属として扱われている。フネミノキは舟形の羽をもつ風散布型の果実をつくる(写真1)。この果実の形がフネミノキという和名の由来となっている。種子は吸水すると外種皮が膨潤してゼリー状になる。中国では，これを解熱や鎮痛の薬として使っており，マレーシアでは薬にしたり，お菓子にいれたりしている。日本でも，横浜・中華街の漢方薬屋ではタイカイシという名前で薬として売られているし，以前はハンダイカイという名称で食用にしていたようである。今でも刺身の妻として使われることがあるようなので，口にしたことのある方もおられるかもしれない。

　フネミノキは西マレーシア地域に固有な落葉性の巨大木で，ボルネオ島では樹高50mにも達する。年間をとおして高温，かつ湿潤なボルネオの熱帯

第7章 熱帯雨林におけるフネミノキの樹形変化　99

写真2 開花中のフネミノキ。フネミノキの開花は落葉直後に起こる。

林に落葉樹があるというのは，不自然に聞こえるかもしれない。このフネミノキの落葉は乾燥や寒冷といった気象的な現象よりむしろ，開花とより密接に結びついている。フネミノキの開花は数年に一度の割合で起こる。そして，フネミノキはその開花期から結実期にかけて花を送粉者によりめだたせ，風散布果実により強い風をあてさせるために，樹冠上の葉をすべて落す(写真2)。筆者は1997年5月，マレーシア半島部のパソー保護林で運よくフネミノキの開花に遭遇することができた。パソー保護区には気象学的観測，フェノロジー*の研究，林冠での光合成測定などのために高さ50mのタワーが設置されている。このタワーからパソーの林をみおろすと，林床からみるのとまったく違った林をみることができる。フネミノキの花は，林床からでは，ほかの木の枝や葉に邪魔されてほとんどみえなかったのに対して，タワーからは葉を落とした後の樹冠いっぱいに黄色い花が咲いているのがはっきりと

---

*自然界の動植物が示す諸現象の時間的変化を調べ，その生態学的意義を考察する学問。

みることができる。これなら，容易にフネミノキの花をみつけることができる，と林冠上空を飛行している送粉者たちの気持ちになれた。

3. フネミノキの成長にともなう樹形の変化

　フネミノキの樹形を定量的に調べるために，インドネシア領ボルネオ島西カリマンタン州にあるブルイ山の天然林に1 haの調査区を設置し，そこに出現したフネミノキ個体群を対象として調査を行なった。この調査区内には362本のフネミノキが生息しており，最大個体は樹高約37 mであった。この個体群のサイズ分布がL字型であったこと，これら個体のほとんどが閉鎖林冠下に生息していたこと，そしてこの調査から3年のあいだの死亡個体数がわずか16本であったことからフネミノキは高い耐陰性をもつことがわかった。

　この調査区のフネミノキの樹高頻度分布図を，分枝しているかどうかにより塗り分けると，樹形10 m以下の個体のほとんどが枝をだしていないことがわかる（図1）。また，樹高15 m以上のすべての木は分枝していた。枝を数本しかもたず，分枝したばかりと思われる個体11本の生枝下高の平均は12 mであった。このことから，フネミノキは樹高12 mに達するまでは枝をださず，単軸のヤシのような樹形をもち，12 mに達すると分枝を開始することが予想される。またフネミノキは，この単軸成長のあいだ，木のサイズが大きくなるにつれて展葉する葉が大きくなっていった。実生の葉は葉柄の基部から葉身の先端までの長さが15 cmほどしかないが，分枝直前の樹高13 mの個体の葉では，長さは146 cmにも及んだ。そして，分枝を始めると葉の大きさは再び小さくなり，林冠に達した樹高37 mの個体の葉では，40 cmほどであった。フネミノキの葉は，木のサイズの変化にともない大きさだけでなく形態も変化させた（図2）。実生の葉は単純で，裂けていなかったが，木のサイズが大きくなるにつれて掌のように何個かに裂け（掌状葉），その裂片数も木のサイズの増加に従い増えていった。前述の樹高13 mの個体の葉の裂片数は9であった。そして，分枝を開始し葉のサイズが小さくなるにつれて，掌状葉の裂片数は減少していき，樹高37 mの個体の葉形は，

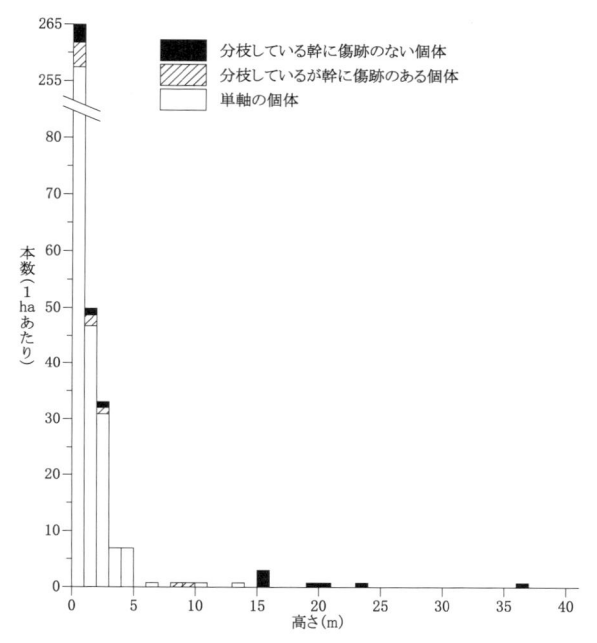

図1 フネミノキの樹高の頻度分布図(Yamada and Suzuki, 1996 より改変)

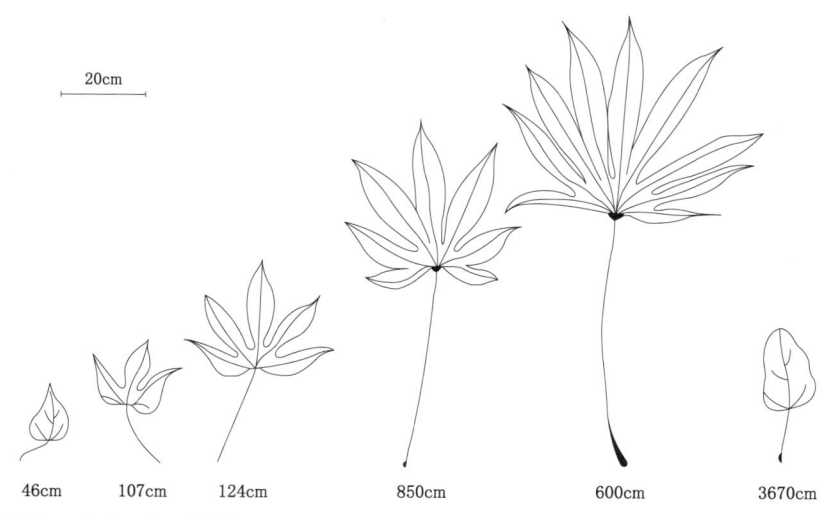

凡例:
- 分枝している幹に傷跡のない個体
- 分枝しているが幹に傷跡のある個体
- 単軸の個体

縦軸: 本数(1 ha あたり)
横軸: 高さ(m)

図2 フネミノキの葉形(Yamada and Suzuki, 1996 より)。葉の下の数字は,その葉がついていた個体の高さを示す。

46cm　107cm　124cm　850cm　600cm　3670cm

再び切れこみのない卵形となった。

4. フネミノキ稚樹の単軸成長様式の生態学的な意味

　樹高 12 m までのフネミノキは単軸の幹に直接大きな葉を展葉している。フネミノキのような巨大木の稚樹にとって，樹冠面積の拡大のため，低い高さで分枝することは，将来不要になるであろう低い位置での側枝にエネルギーを分配することになる。逆に，まったく分枝しない単軸の成長様式は，すべての伸長成長を主軸に集中することができるので主軸の急速な伸長に適している。したがって，フネミノキは主軸の急速な伸長成長の実現のため，単軸の成長様式を選んだと考えられる。しかし，単軸の成長様式では，側枝の成長による樹冠面積の拡大ができないため，生産量自体が低く押さえられ，結局は成長速度が遅くなってしまう。フネミノキはこの問題を，大型の葉を展葉し樹冠面積を拡大することにより解決している。葉の力学的強度の大部分は繊維と膨圧から生じているので，同じ強度の枝に比べて構築のコストがかからないことが知られている (Givnish, 1978)。実際に明るいギャップに生息したフネミノキの稚樹は，単軸の成長を続け，急速な伸長成長を実現している。また，この急速な伸長成長の結果，稚樹の樹冠は，ギャップのような光エネルギーをえやすい場での同化に適した構造であるとされる円筒形となっていた（図3）。

　フネミノキの単軸の樹形はギャップでの急速な伸長成長に適しているが，

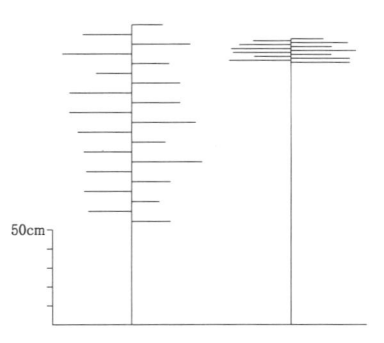

図3　フネミノキのギャップ内の稚樹（左）と閉鎖林冠下の稚樹（右）の樹形（Yamada and Suzuki, 1998 より改変）。垂直な線は幹を，水平の線は葉柄を示す。

暗い林床では光合成による生産量自体が少なく，そのほとんどを葉のいれかえに用いていたため，幹の伸長成長はほとんど行なわない（Yamada and Suzuki, 1998）。この結果，暗い林床に生息するフネミノキの稚樹は，葉が幹の先端部のみに集中した傘型の樹冠形となっている（図3）。これは被圧形態とよばれ，林床での同化にもっとも適した樹形であることが知られている（Horn, 1971）。フネミノキは被圧の程度により，主軸と葉への成長量の分配比を変化させ，暗い林床では，被圧形態を形成することによってより長く生きながらえ，明るいギャップでは，主軸の急速な伸長成長を行ない，林冠に達する努力をしているのであろう。

　フネミノキの葉の形態の変化は，大きな掌状葉ほど多い裂片数をもつという事実を考えるとよく説明することができる。大きな葉は小さな葉に比べて，葉の表層の空気の流れが悪くなるため葉のガス交換には不利であり，同じ葉面積ならば，多数の小さな葉の方が大きな1枚の葉に比べて物質生産に有利であることが示されている（矢吹，1985）。それぞれが自由に動くことができる裂片からなる掌状葉は，あたかも個葉の集団のようにふるまうので，葉面境界層の減少に対し小型の葉をつくることと同様の効果をもつ。したがって，フネミノキの大型の葉は，切れ込むことにより，葉面境界層抵抗を少なくし，個葉レベルでの光合成効率を高めることができる。また，傘型の樹冠に大きな葉を詰め込んだフネミノキの場合，樹冠内での上の葉による下の葉の自己被陰は大きな問題である。掌状葉の細長い裂片の形は樹冠内により多くの光をとおし，自己被陰を少なくする効果があることが知られている。したがって，フネミノキは掌状葉をもつことで，樹冠内での自己被陰を減少し，樹冠全体で捕捉する光の量を増やし，樹冠全体での生産量をあげていると考えられる。

　以上より，フネミノキの稚樹は，主軸の急速な伸長成長のため単軸の成長様式を採択し，そのとき生じる樹冠を広げられないという問題を，大型の葉をつくることで解決しているとまとめることができる。そして，大型の葉をつくることによって生じる葉面境界層抵抗や樹冠内の自己被陰の弊害を，葉形を変化させることにより回避していると結論づけることができる。

5. 分枝することの生態学的な意味

　フネミノキの単軸の樹形が，ギャップでの急速な成長と閉鎖林冠下での生残の両面で有利であることを示した。ではなぜ，フネミノキは12 mの高さで単軸の成長をとめ，分枝を開始するのであろうか。地上高12 mでは，フネミノキはまだ樹冠に達していないし，繁殖を開始する樹高20 mまでにも達していない。

　葉は，葉身と葉柄に分けることができる。葉身は光合成の中心であり，同化部分であるのに対し，葉柄は葉身を配置し，力学的に支え，葉身と幹のあいだの水や養分のパイプの役割を果たしており，非同化部分と位置づけられる。この葉柄の乾燥重量(W_P)と葉身の乾燥重量(W_B)のあいだの相対成長関係は，次式により表わすことができる(図4)。

$$W_B = 1.86\ W_P^{0.791}$$

　この累乗式の指数(0.791)は有意に1より小さく，葉身の成長が葉柄の成長よりも劣ることがわかる。すなわち，葉が大きくなるにつれて葉柄と葉身の乾燥重量の比は大きくなる。このことは，もしフネミノキがこの相対成長関係に従って無限に大きな葉をつくっていくのならば，いずれは非同化部分

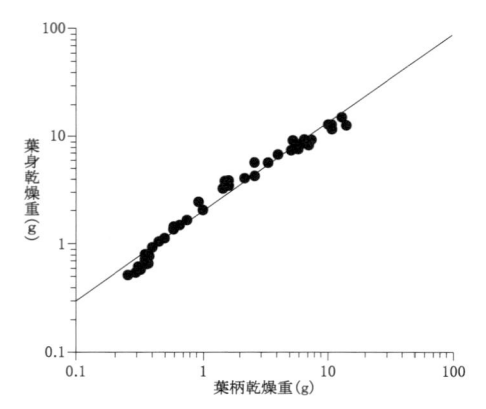

図4　フネミノキの葉の葉身乾燥重量と葉柄乾燥重量の関係(Yamada and Suzuki, 1996より改変)

である葉柄を構築するコストが，その葉柄が支える葉身の生産量を超えることを意味する．したがって，この相対成長関係はフネミノキの葉のサイズには上限があることを示している．単軸のフネミノキは，大きな葉をつくることにより樹冠面積を拡大していた．しかし，葉のサイズに上限があるため，この方法では無限に樹冠を広げていくことはできない．植物が生残するために必要な樹冠面積は，木の成長とともに大きくなる．フネミノキは，単軸の成長様式で広げられる最大の樹冠面積以上の樹冠面積が必要となったとき，分枝により樹冠面積を広げていかざるをえないのであろう．フネミノキの分枝は，最大にできる葉のサイズに強く影響されているであろう．

しかし，葉身乾燥重量と葉柄乾燥重量のあいだの相対成長関係は，葉の大型化の限界を示しているだけで，なぜ樹高 12 m で分枝し始めるかについては答えていない．フネミノキの生えていたまわりの光環境を測定すると，おもしろいことがわかった．光環境は，12 m までは地上高があがるにつれて，指数関数的によくなったが，その後は数 m あがっても改善されなかった (Yamada and Suzuki, 1996)．フネミノキの分枝はこの光の垂直分布に対応していると考えることができる．樹高 12 m に達するまでは，樹高があがるにつれて光環境は改善されるので，フネミノキはこの間，よりよい光環境を求めて積極的に伸長成長を進める．しかし，樹高 12 m 以上では数 m のびても光環境はほとんどかわらないので，分枝を開始し横方向への成長することで，より多くの光エネルギーを捕捉するのであろう．熱帯林では，土壌や降水量の差によって群落の高さが異なる．このため，群落内の光の垂直分布は，群落間で異なることが予想される．森林内の光環境とフネミノキの分枝が対応しているという仮説を検証するために，今後多くの森林で同様の調査を行ない，分枝する高さと光環境のあいだに同様の関係が認められるかを調べる必要がある．

光の獲得以外にも，分枝は多くの生態学的な意味をはらんでいる．植物の茎の先端部には，盛んに細胞分裂をする組織があり，頂端分裂細胞とよばれている．植物は頂端分裂細胞による細胞分裂で新しい細胞を増やし，大きく成長していく．植物は，分枝することにより，頂端分裂組織を欠損するリスクを分散させることができる．頂端分裂組織をただ1つしかもたない単軸の

幹の場合，この頂端分裂組織を動物による被食やほかの植物の落枝による障害などで失うと，回復することは不可能となる。実際は，頂端分裂組織が失われた場合には，ほかの分裂組織が変化して新たな頂端分裂組織が形成されるが，それでも頂端分裂組織の破損は成長に対してひじょうに大きなダメージとなる。反対に，分枝を盛んに行ない，同質の頂端分裂組織をたくさんもっている植物の場合，ある頂端分裂組織が失われても，ほかにも頂端分裂組織があるため，回復できないほどのダメージをうけるリスクを低く押さえることができる。

　また枝は，葉だけではなく，花を配置する骨格にもなる。ほとんどの植物は花を頂端分裂組織の先端，もしくは葉のつけ根（葉腋）につける。フネミノキの場合は，葉腋に花を咲かせる。単軸の幹上につけることのできる花の量は，きわめて限られたものである。フネミノキは，分枝を繰りかえし，多くの枝をつくることにより，多くの花をつけられる構造を構築することができる。フネミノキは繁殖を開始するまでに，ある程度の数の枝をそろえる必要があるのだろう。

　このように，分枝という1つの事象をとってみても，そこには多くの生態学的な意味が内在しており，それぞれの意味ごとに最適となる成長様式が異なる。ある植物の成長様式がその植物に与える影響を包括的に議論する場合，樹形を形づくる各器官の生態学的な意味を吟味し，そのそれぞれの意味に対して，その成長様式をとることでどのような結果が生じるかについて評価することが必要となる。

6．樹形の多様性と一般法則

　熱帯林は種の多様性だけではなく，樹形の多様性も高い群落である。乾燥や低温による気候の篩（ふるい）が弱い熱帯林では，植物がとることのできる樹形の幅が広がるのであろう。Halle et al.(1978)は，頂端分裂組織が植物の成長とともにどのように複製されているかにより樹形を分類し，23の樹形モデルを提唱した。この樹形モデルのほとんどが熱帯の樹木に特有であることからも，熱帯林の樹形の多様性の高さを示すことができる。また，同一の樹形モ

デルに属する植物のあいだでさえも，分枝を開始するときの木のサイズ，分枝率，それぞれの枝へのエネルギーの分配比の差などによって樹形は大きく異なるため，実際に我々が目にする樹形は多岐にわたる。それぞれの種が，その種固有の樹形をもっているといえる。

　本章で紹介したフネミノキの成長様式は熱帯林に生息する数千という種のうちの，ほんの一例にすぎない。また，すべての巨大木が，フネミノキの稚樹ような単軸の成長様式を採用しているわけではない。むしろ，単軸の成長様式は少数派であり，多くは低い位置から分枝を始める。このことは，林冠層に達するというゴールは同じでも，そこに達するまでの成長様式は種によって異なっており，多様な成長戦略が存在しうることを示している。今後は，より多くの種の成長様式を詳細に調べ，樹形の多様性とそのなかに秘められた成長戦略の多様性を解き明かしていく努力が必要である。

　しかし，樹形はただやみくもに多様なわけではない。多様な樹形と成長様式のなかにも，ある樹形をとることによる制約や分枝率，葉形，葉の大きさなどの形質間の相互関係が存在しているはずである。たとえば，フネミノキのような単軸の成長を選んだ種は，樹冠面積を拡大するために大型の葉をつけることが必須である。多様な成長様式と樹形のなかに潜んでいる樹形の一般的法則をみつけだすことも，樹形の適応的な意味を理解するうえで大切なことである。

第8章 ミズナラの実生定着と空間分布を規定する昆虫と野ネズミ

富山大学・和田直也

　林床の雪がとけ，長かった冬が終わりを告げ，北の森に春がきた。上層の樹木の葉はまだ完全に開いておらず，やわらかな陽射しが林床にまで届いている。そんななか，早くもあざかな花を咲かせ，林床に彩りを添えている植物たちがいる。フクジュソウ，エゾエンゴサク，カタクリなどの春植物である。この時期，春の到来を告げるこれら春植物の花を一目みようと森を訪れる人も少なくない。しかし，小さな子葉をだし，これから生き抜くために長く厳しい生存競争をはじめる樹木の芽生え・実生に目を向ける人は多くはないだろう。種子から発芽した樹木の実生が森をおおう大木になるまで，いったいどんなことが起こっているのであろうか？　また発芽した実生のうち，いったい何パーセントの個体が種子を実らせる親木になれるのだろうか？この種子から大木への長い旅の答えをだすことは容易ではない。しかし，種子や実生の生存や成長には光・水・温度・土壌栄養塩類などの環境要因に加えて，じつに多くの動物たちが影響を及ぼしていることが最近詳しくわかってきた。本章では，種子の成熟期，種子の散布期，そして発芽後の実生の生存・定着期にどんな動物が影響を与え，その結果，実生の空間分布がどのように変化し形成されるのかを，落葉広葉樹であるミズナラ *Quercus crispula* をおもな材料として，各生育段階にそって順に紹介していこう。

1. 種子成熟過程における種子食昆虫の影響

 受粉に成功した花はやがて種子を実らせる。しかしすべての種子が健全に成熟できるわけではない。ブナ科コナラ属のミズナラではシギゾウムシ類(コウチュウ目ゾウムシ科)やサンカクモンヒメハマキ(チョウ目ハマキガ科)などの幼虫によってドングリ内の子葉が食べられてしまうことがある(Maetô, 1995：写真1参照)。このように虫に食われるドングリの比率(虫害率)は年や場所によって，またドングリ生産数の年変動によって異なるが(Crawley, 1992)，虫害をうけても上胚軸(幼芽において子葉より上の茎的部分：写真1)が食べられずに残ったドングリは，発芽・出根し実生に成長できることが報告されている(Kanazawa, 1975)。また，大きなドングリほど上胚軸が食べられてしまう割合は低い傾向にある(Maetô, 1995)。これらの結果は，昆虫による種子食害が高い環境下では大型なドングリほど実生定着率が高いことを示唆している。

 ドングリもただ黙って動物に食べられているだけではない。北アメリカに

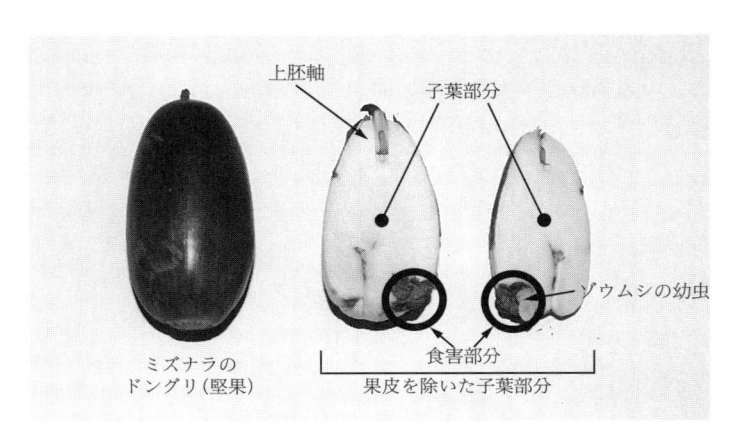

写真1 ミズナラのドングリ(堅果)とその内部構造(1998年10月1日，富山県有峰湖付近で採集)。ドングリは無胚乳種子で子葉と上胚軸(胚)からなる。ドングリは地下子葉性発芽で，大きな子葉部分は地上で開くことはなく地中に残り，その子葉に蓄えられた養分で根や茎・本葉を形成する。図中のドングリ(右側)は外見上健全堅果と思われたが，果皮を剥いでみるとまだ孵化して間もない未熟なゾウムシの幼虫に寄生されていた。

分布しているコナラ属の樹木，ターキーオーク *Quercus laevis* やヤナギバナラ *Quercus phellos* のドングリで調べられた例では，上胚軸を含むドングリ上部の子葉のほうが殻斗側のドングリ下部の子葉よりもタンニンの量が高いことがわかった(Steele et al., 1993)。タンニンとは多価フェノールを主体とした複雑な植物成分の総称で，タンパク質と強く結合する性質をもつため，動物に消化阻害を引き起こす防御物質と考えられている。このタンニンの含有量を反映してか，ゾウムシ類による食害は子葉上部で低く下部で高い傾向にあり，さらにムクドリ・カケス・リスなどの動物もドングリ下部を捕食する割合が高かった(Steele et al., 1993)。このことは，ドングリ内部でも動物に対する防御機構が発達しており，上胚軸を含むドングリ上部をできるだけ動物に食べられないように防御していることを物語っている。食べ残されたドングリの上部は本当に発芽し，実生に成長できるのであろうか？　樹種は異なるが，試しにコナラ *Quercus serrata* のドングリを3/4切除して，上胚軸側のドングリ20個を土壌中に埋めてみたところ，個体サイズは小さいものの，すべての切除ドングリが上胚軸を伸長し本葉を展開して実生に成長した(北畠・和田，未発表)。一般に種子サイズの大きなコナラ属の樹木は，野ネズミやカケスなどの動物の貯食行動によってドングリが散布される隠匿貯蔵型(synzoochory)植物といわれているが，防御物質が上部ほど多いことや子葉除去後の高い発芽・実生定着能力を考えてみると，部分的被食型散布の植物とでもいうべき性質をそなえもっているように思う。以上のようなドングリの性質・生理生態的特徴は，動物との長い長い相互作用の歴史の結果獲得された形質に違いないと思えてくる。一見愛らしいイメージを与えてくれるドングリではあるが，そのなかには動物との厳しい戦いの結果進化した形質が詰まっているのだ。

2. 種子散布期における野ネズミの影響

真っ赤な果実で鳥をひきつけ，種子を散布してもらう植物たちがいる。翼を発達させ，種子部を中心に回転しながら落下速度を遅くして風をうけて散布する植物たちがいる。あるいはアリが好む物質を含む器官(エライオソー

ム)を発達させ,アリによって種子を運んでもらう植物たちがいる。これらの植物たちに比べ,コロコロとしたドングリは一見散布のために何の努力もしていないかのように思える。しかし,その大きな種子自体が動物たちにとってはひじょうに魅力的なものなのである。炭水化物・タンパク質・脂質に富んだドングリは,四季のはっきりとした冷温帯林においては,野ネズミをはじめその他多くの動物たちにとって秋や冬の食物としてきわめて重要な資源なのである。そのため,野ネズミは秋から初冬にかけてドングリを貯蔵する習性を身につけたのであろうか(写真2)?

野ネズミの貯蔵方法は大きく分けて2つある。1つは巣のなかや地中のトンネル(坑道)など少数の貯蔵場所に種子を大量に貯蔵する方法で,集中貯蔵(larder hoarding)とよばれている。もう1つは少数の種子を多数の貯蔵場所に分散して地中浅く埋める分散貯蔵(scatter hoarding)という方法である。貯蔵方法はさらに細分されるが,詳しくは,Vander Wall(1990)や箕口(1993)を参照していただきたい。集中(巣内)貯蔵は通常,地中深くにドングリがおかれるため,たとえドングリが捕食されずに残ったとしても実生にな

写真2 ドングリを運ぶヒメネズミ(1991年10月,北海道夕張国有林にて)。約90分で50個のドングリを運び去った。

る確率は低いであろう。一方，林床に浅く埋められる分散貯蔵は捕食を免れた場合，ドングリは乾燥からも守られ実生に成長する確率が高いものと考えられる。ドングリにとっては野ネズミに分散貯蔵され，しかも野ネズミが隠し場所を忘れて捕食を免れることが好都合だ。場所や野ネズミの種類・密度によって異なるが，野ネズミによる種子の散布距離は平均でせいぜい十数 m から 30 m 程度である(Jensen and Nielsen, 1986; Miyaki and Kikuzawa, 1988; 箕口, 1993; Miguchi, 1994)。ドングリを数キロも運ぶカケスに比べれば野ネズミの種子散布は短距離ではあるが，それでもヒースランドにおけるナラ類の樹木の分布拡大に貢献したり(Jensen and Nielsen, 1986)，また海岸マツ林におけるコナラ個体群の分布拡大を促進したりしている(箕口, 1993)。野ネズミが種子散布を通じて，ある植物個体群の分布拡大に与える影響は意外にも大きいものなのかもしれない。一方逆に，野ネズミの密度がひじょうに高い場所では，分布拡大に貢献するどころか，その反対にドングリや実生を高い割合で食べてしまうため，実生の定着を強く阻害してしまうケースもある(Wada, 1993; Ida and Nakagoshi, 1996)。

　つぎに野ネズミの種類によって種子の散布様式がどう違うのかをサトイモ科多年生草本ザゼンソウを例にみてみよう。ザゼンソウの種子は約 100 mg～1 g までと重さに大きな変異がある。これらの種子は近縁種でしばしば同所的に分布しているミズバショウとは対照的にほとんど水に浮かないが，野ネズミなどの動物によって種子が散布される。北海道の野幌森林公園では，ハンノキ・ヤチダモ・カツラなどが優占する湿性低地林の林床にミズバショウやザゼンソウが分布している。しかし同じ森林内でもやや乾性の林床ではクマイザサやハイイヌガヤ，ハイイヌツゲなどが分布している。このような調査地で野ネズミ類の分布を果実の成熟期である夏にシャーマン型トラップ(折りたたみ可能なアルミ製の箱型生け捕りワナ)を用いて調べた。調査(捕獲‐再捕獲法)は夜間(18：00～6：00)3 日間連続で行ない，1 日 3 時間間隔で 4 回，計 12 回，3 つの異なる林床植生タイプに設置した各トラップをみまわった(Wada and Uemura, 1994)。その結果，エゾアカネズミ・ヒメネズミ・エゾヤチネズミの 3 種の野ネズミが捕獲された。しかし，この 3 種の野ネズミは林床植生タイプによって捕獲回数が異なり，エゾアカネズミはミ

ズバショウ・ザゼンソウ群落でもっとも捕獲回数が高く，ハイイヌツゲ群落でもっとも低かった。正反対にエゾヤチネズミはミズバショウ・ザゼンソウ群落でもっとも捕獲回数が低く，ハイイヌツゲ群落でもっとも高かった。ヒメネズミでは林床植生の違いによる捕獲回数に明瞭な違いはみられなかった（Wada and Uemura, 1994：図1）。このことは林床植生タイプの違いにより野ネズミの種構成や密度が異なっており，また各野ネズミの植生環境の選好性の違いをも表わしている。エゾアカネズミが優占していたミズバショウ・ザゼンソウ群落に50個のマーキング種子をおいたところ，32％の種子は食べられてしまったが14％の種子が平均散布距離約7mで分散貯蔵された。エゾヤチネズミが優占していたハイイヌツゲ群落では種子は分散貯蔵されることはなく，ほとんどがその場で食べられてしまった。アカネズミとヒメネズミは巣内貯蔵と分散貯蔵を行なうが(Imaizumi, 1979；Miyaki and Kikuzawa, 1988)，エゾヤチネズミは分散貯蔵を行なわないことが観察により確認されている(Miyaki and Kikuzawa, 1988)。上述の結果はこれらの観察報告を間接的に支持している。また，アカネズミは林床を採餌場所や貯蔵場所と

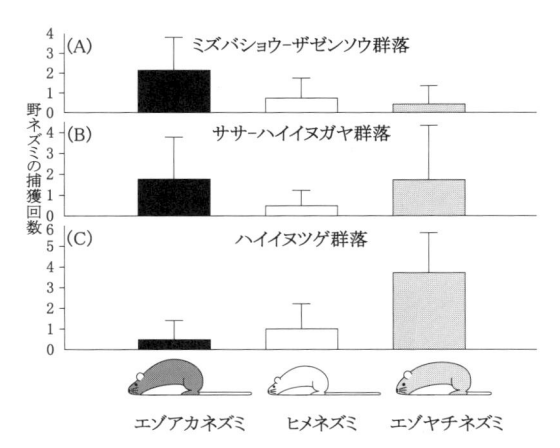

図1 3つの林床植生タイプにおける野ネズミ3種の捕獲回数(Wada and Uemura, 1994より改変)。捕獲回数は，トラップ1個あたり12回センサス合計での回数。平均値(棒グラフ)と標準偏差(棒グラフ上の線)で示してある。A：ミズバショウ-ザゼンソウ群落($n=27$トラップ), B：ササ-ハイイヌガヤ群落($n=19$トラップ), C：ハイイヌツゲ群落($n=4$トラップ)

してよく利用し，6月下旬から10月下旬にかけてのホームレンジは広いが（オスは1426 m²，メスは697 m²），ヒメネズミは林床のほか樹上も利用し，かつホームレンジもアカネズミに比べてやや狭い（オスは986 m²，メスは663 m²）(Oka, 1992)。以上のことから，野ネズミのなかでもとくにアカネズミが植物の種子散布に効果的に貢献しているものといえる。ザゼンソウが優占している群落で，開花個体と実生個体の空間分布を調べたところ，実生は開花個体の周辺に集中して分布することなく，密度は高くないもののランダムに分布していた(Wada and Uemura, 1994)。この結果もザゼンソウ種子に対する動物による捕食圧と散布率の高さを示唆するものであろう。

　ところで，野ネズミは種子のサイズ（重さ）に応じて貯食行動を変化させているのであろうか？　ザゼンソウの種子を用いて簡単な実験をしてみた。あらかじめ種子の重さを測り，マーキングをした種子をアカネズミが優占している場所においてみたところ，小さい種子（平均で約250 mg）は食べられずに残っていたが，比較的大きな種子（平均で約350 mg）は隠し場所に1つずつ分散貯蔵された（和田・植村，1998：図2）。どうやら野ネズミは種子の重さを認識し捕食あるいは貯蔵様式を変化させているようだ。ではミズナラの

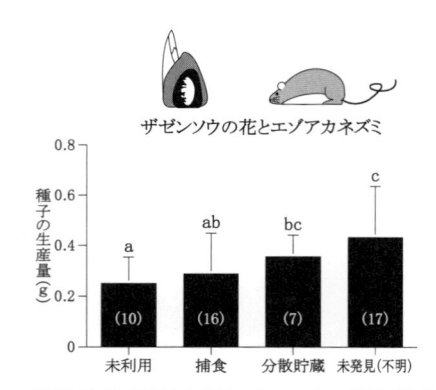

図2　ザゼンソウの種子重（生重量）と野ネズミによる散布様式（和田・植村，1998より改変）。マーキング種子をおいてから3日後，種子源から半径20 m以内の範囲をリターを剝がしながら探した。平均値（棒グラフ）と標準偏差（棒グラフ上の線）で示してある。グラフ中の数はサンプル数を，標準偏差上のアルファベットは統計上の違いを示している（同じアルファベットは危険率5％以上で有意な差がないことを意味している）。平均種子重が一番重い未発見の種子群は20 m以上散布されたか，また巣内に貯蔵された可能性がある。

ドングリではどうなのであろうか？　たとえば虫害をうけたドングリは健全なドングリよりも子葉が食べられた分重さが軽いであろう。しかし，ゾウムシ類の幼虫がなかにはいっていれば，子葉部分の損失はあるが，ゾウムシ類の幼虫を食べることによって動物性のタンパク質を労せずして摂取できることになる。仮に野ネズミが虫いりドングリを選択的に捕食し，健全なドングリを貯蔵する習性があるとすると，野ネズミはゾウムシ類の個体群に少なからず影響を与え，その結果，翌年健全なドングリの割合が増えるかもしれない。以上のことは想像にすぎないが，今後調べてみるとドングリ－昆虫－野ネズミのあいだに興味深い関係をみつけることができるかもしれない。

3．実生の定着期における食葉性昆虫の影響

　種子食昆虫による食害，野ネズミなどの動物による捕食を免れたドングリは翌年の初夏，上胚軸を伸長させ本葉を展開し，実生となる。この生育段階にいたるまでは，ミズナラの幼個体，すなわちドングリはそのなかの子葉に蓄えられた栄養分に強く依存して生存・成長してきたが，これからは自らの葉を用い光合成によって物質生産を行ない，成長しなければならない。独立生活のはじまりである。しかしこの生育段階にいたっても，その後の生存・成長を続けることは容易なことではない。ドングリが散布され，実生として定着した場所によって生存や成長はいちじるしく左右されるのである。一例として，食葉性昆虫であるチョウ目の幼虫に着目して，実生の生存過程を追跡してみよう。

　ミズナラの葉を食べる蛾の幼虫の種類数は多く，北海道の苫小牧演習林で調べられた例では77種が確認されている(Yoshida, 1985)。これらの幼虫の多くは広食性の種であるが，その出現時期の違いによって大きく4つのグループに分けることができる。春型(spring-feeding type)，夏型(summer-feeding type)，春－夏型(spring-summer-feeding type)および秋－春型(autumun-spring-feeding type)である(Yoshida, 1985)。このうち春型とは卵か蛹の状態で越冬し，翌春の5月中旬にミズナラの樹冠葉に出現し，6月の中旬以降には樹冠葉からほとんどみられなくなる幼虫グループである。6

月の中旬，なぜ春型の幼虫はいっせいに樹冠葉からまったく姿を消してしまうのであろうか？

　Murakami and Wada (1997) はこの現象を詳しく調べた。高さ約 20 m のミズナラの樹冠に分布しているチョウ目幼虫を5月から7月にかけて枝を棒でたたいて，落ちてきた昆虫を器でうけて捕えるビーティング法を用いて調べ，また樹冠下に 3 m×5 m のシートを2つ設置し，落下してきた幼虫を捕獲した。さらにミズナラの葉の物理化学特性の季節的変化も同時に調べた。その結果，つぎのようなことがわかった。5月中下旬に展開したミズナラの葉は，幼虫の成長にとって必要な水分量・窒素量がともに高く，葉が物理的に軟らかく，かつタンニン含有量が低い傾向にあったが，時間の経過とともに特性が変化し，6月の上・中旬には防御物質であるタンニン含有量が高い堅い葉になっていた。このころ，多くの春型幼虫（おもにヤガ科とシャクガ科の幼虫）が樹冠から林床へ落下・移動していた。落下した幼虫のなかには終齢幼虫に達していない未熟な幼虫も少なからずみられたことから，樹冠上で成長を完了し，土壌中で蛹化するために林床へいっせいに移動しただけではないようである。むしろ樹冠の葉の防御機構が整い，幼虫たちはもう葉を有効な資源として利用することができず，資源の転換を促されあるいは追いだされた結果，林床にいっせいに落下・移動したのであろう（詳しくは第12章を参照）。このころ森を歩いていると糸を垂らして落ちてくるチョウ目の幼虫をよく目にすることができる。

　さて，落下後終齢段階にいたっていない幼虫たちは死んでしまうのであろうか？　ミズナラの親木の林床でじっと観察していると樹冠下に定着したミズナラの実生の葉をこれら幼虫が食べていることに気がついた。ミズナラの実生は通常4枚の本葉をもっているが，なかにはすべての葉が食べられてしまい葉中央の葉脈だけが残っていた実生も多数観察された。この時期のミズナラ実生の葉は軟らかく，水分・窒素含有量がともに高く，タンニン含有量が低い (Murakami and Wada, 1997)。まだ未成熟なチョウ目幼虫にとっては格好の質のよい資源である。この資源を利用すれば未成熟幼虫が終齢幼虫に成長できるかもしれない。一方，ミズナラの実生にとってはチョウ目幼虫は生存を脅かす天敵である。ミズナラの親木を含み，ヤマモミジ，ホオノキ，

ハリギリ，ミズキなどの落葉樹と常緑針葉樹のエゾマツから構成される北海道の針広混交林に 40 m×40 m の方形区を設定し，そのなかに定着したミズナラの実生をすべてマーク・個体識別し，もっとも近い成熟木(幹の根元)からの距離と葉の食害度およびそれらと実生の生存との関係を 1992〜1994 年まで 2 年間にわたって調べてみた。ここで葉の食害度は，実生個体の葉全体で 0〜25％ が食べられてしまったものを食害度 1，25〜50％ を食害度 2，50〜75％ を食害度 3，75〜100％ を食害度 4 と定義した。葉の食害度は 1993 年の 6 月から 10 月まで調査した。

　1992 年調査区内に 128 個体の実生が分布していたが，1994 年の秋までに 108 個体が死亡し生存実生は 20 個体にまで減少した。実生からもっとも近い親木の根元までの平均距離は 7.7 m から 10.0 m に増加した(Wada et al., 2000)。すなわち親木の近くで多くの実生が死亡したことを意味している。図 3 に示したように親木から離れるほど生存率が増加する傾向がみられた(Wada et al., 2000)。一年生実生の葉の食害度ともっとも近い親木からの距離の関係を調べたところ，食害度 1 の実生個体は平均で約 12 m 離れた場所に分布していたが，食害度 4 の実生個体の平均距離は約 8 m であり，統計的に有意な差が検出された(図 4：Wada et al., 2000)。葉の食害度は親木の近くでより高いことを示している。また，葉の食害度が高いほど実生の死亡率は高く，食害度 1 の実生の死亡率は 0％，食害度 2&3 の実生では約 20％ だったのに対し，食害度 4 の実生個体は約 95％ が死亡した(図 5：Wada et al., 2000)。この調査区の林床に 64 個の水を張ったタライを 5 m 間隔で格子状に設置し，落下したチョウ目幼虫を 6 月中旬から 9 月初旬まで調べたとこ

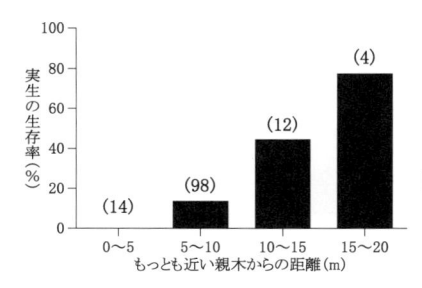

図3　もっとも近い親木の根元から実生までの距離と実生の 2 年間での生存率との関係（Wada et al., 2000 より）。棒グラフ上のカッコ内の数字は実生の数を示している。

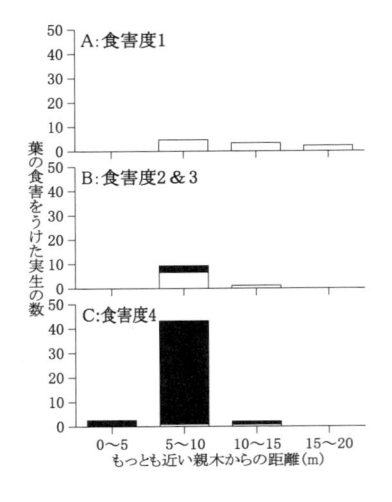

図4 もっとも近い親木の根元から実生までの距離と実生の葉の食害度との関係（Wada et al., 2000より）。A：食害度1（$n=10$個体），B：食害度2＆3（$n=10$個体），C：食害度4（$n=47$個体）。棒グラフの白い部分は1993年の6月から10月までの時点で生存していた実生の数を，黒い部分は死亡した実生の数を示している。

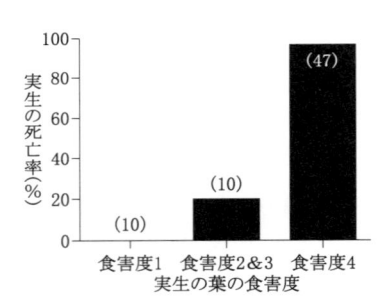

図5 葉の食害度と実生の死亡率のと関係（Wada et al., 2000より）。1993年の6月から10月までの時点で死亡した実生について示している。（ ）内の数字は実生の個体数を示している。

ろ，全体（378個体捕獲）の約20％を占めた優占種・春型のチョウ目幼虫キトガリキリガの密度と死亡したミズナラ実生の密度とのあいだには高い相関関係がみられ，さらにキトガリキリガの幼虫はミズナラ親木の樹冠下で多く捕獲された（Wada et al., 2000）。実際にキトガリキリガの幼虫がミズナラの実生の葉を食べていたことも直接観察から確認している。以上のことからつぎのようなことが考えられる。ミズナラの樹冠の葉を食べていた春型のチョウ目幼虫は，葉の物理的化学的防御が整うと樹冠から林床へ移動し，終齢幼虫は土壌中で蛹になるが，未成熟個体はミズナラの実生の葉を食べ成長する。その結果，親木の近くに分布していたミズナラの実生は高い確率で被食され，やがて枯死してしまう。一方，親木から離れたところに散布された実生は

チョウ目幼虫による食害を免れ，生存・成長を続けることができる。そのためミズナラ実生の親木からの平均距離は年々増加する傾向にある。このような環境下においては，短距離ではあるが野ネズミが種子を散布することにより，親木近くで生じているチョウ目幼虫による実生の食害を十分回避できるのかもしれない。

「可愛い子には旅をさせよ」という諺があるが，ミズナラの場合にもこの諺があてはまっているようだ。親の近くでは子が育ちにくいのである。同種樹冠木の下でチョウ目幼虫による実生の葉の食害が高いというこの現象はスコットランドで調べられたナラ林（*Quercus petraea* と *Q. robur*×*Q. petraea* hybrids）でも報告されている（Humphrey and Swaine, 1997）。同じような傾向は，北海道のイタヤカエデにおいても報告されている（Maetô and Fukuyama, 1997）。まだ不明な点も多いが，少なくとも種子や実生といった生育の初期段階では物理的環境要因に加えて生物的な要因・動物による影響が強く作用しているものと思われる。

今までと少し違った角度で植物の繁殖様式をみてみると，じつにさまざまな動植間相互作用が異なる生育段階で生じていることを再認識できることであろう。Elkinton et al.(1996)の10年間の研究によると，食葉性昆虫のマイマイガの一種 *Lymantria dispar* の個体群密度はシロアシネズミ *Peromyscus leucopus* の生育密度に制限されており，またその野ネズミの個体群密度はナラの木のドングリ生産量と高い相関関係があることがわかった。長期的な展望にたって研究を行なえば，ある植物を舞台とした動物間あるいは動植物間の多様で複雑かつ時間的に変化する相互関係がわかる日もそう遠くはないかもしれない。それまでにあまり人の手が加わっていない自然が残っていれば……。

第III部

森の動態と樹種の共存

自然林は，複数の樹種から構成されている．第Ⅰ・Ⅱ部でみてきたように，一生を通じてそれぞれの樹種はくふうを凝らして生活している．ほかの種といっしょに森林を形成する，その過程や機構を解き明かすことは，森林の生態学にとってきわめて魅力的な課題である．同じ資源を利用する種間の単純化された競争モデルからは，2種が安定的に共存することも困難であることが説明できる（競争排除則）．現実の森は，多くの樹種からなりたっているので，その「単純化」のなかに問題があることははっきりしている．森林を地理的な視野で概観すると，熱帯低地雨林から高緯度の森林，あるいは高標高の森林に向けて，樹種多様性が減少していくことがよく知られている．温度的制約が緩く，あるいは放射エネルギー量の多い湿潤熱帯低地は，植物の生育にとっては好適な環境だが，好適な環境下でより多くの種が共存しやすいと考える根拠は簡単には示せない．第Ⅲ部では，北海道の亜高山帯林（第9章）から屋久島の照葉樹林（第10章），そしてボルネオの熱帯低地雨林（第11章）と，樹種多様性が低い系からきわめて高い系にいたる，多様な対象を紹介しよう．単純な亜高山帯系では，第9章において高橋耕一が優占する針葉樹2種のあいだの共存関係を，林床のササの被覆との関係で，理論的に解き明かしている．相場慎一郎は，第10章で，中間的な系が安定的な共存系であることを，森林構造のなかで類似の特性をもつ樹種間の分化を示すことによって推測している．50 haに1000種以上の樹種が出現するボルネオの熱帯低地雨林からは，伊東　明が第11章において巨大高木種間の地形的なすみ分けと，寡占を妨げる機構について注目した研究を紹介している．同じ熱帯雨林調査区から，近縁種間の地理的なすみ分けがほかのグループでも確認されつつある（たとえば第7章を担当した山田俊弘たちによるフネミノキ属の研究）．対象とするそれぞれの森林で，樹木群集レベルの研究を展開していくと同時に，地理的な多様性の傾度にそった比較的な視野を養っていくことも，重要である．各章の執筆者は，それぞれ，ここに紹介した森林だけでなく，熱帯から温帯・亜寒帯にいたる傾度のなかで森林研究を展開している中堅研究者である．比較研究の経験を積んだ研究者によって，樹種共存機構の研究が今後大きく進展していくことと期待している．

第9章 トドマツ・アカエゾマツ林の更新動態と2種の共存

信州大学・高橋耕一

1. 多種共存における平衡・非平衡仮説

　同じ資源を利用する2種は共存できないという競争排除説があるが，植物の場合同じ資源を利用しているのに多種が共存している。同じ資源を利用している多種の陸上植物がなぜ共存しているのかについては，2つの対立する説明がある。平衡仮説と非平衡仮説である。平衡仮説とは生活史特性における種差だけで多種が安定的に共存できるという説である。この生活史特性には発芽定着における微地形の利用や，新規加入，成長，寿命などがあげられる。一方，非平衡仮説とは，予測不能な外的撹乱が競争排除を防ぐことにより，競争に弱い種と強い種が共存できるという説である。もちろん，この場合，競争の弱い種のほうが種子散布や成長速度などの初期の更新速度が速いことが条件になる。たとえば，北アメリカのモミ属である *Abies lasiocarpa* とトウヒ属である *Picea engelmanii* の共存メカニズムは平衡・非平衡の両方の観点から精力的に研究が行なわれてきた。Oosting and Reed(1952)とVeblen(1986)は平衡論的立場から，*A. lasiocarpa* の高い成長率と死亡率が *P. engelmanii* の低い成長率と死亡率とバランスをとっていることにより，2種は共存していると論じている。同じ平衡論でも，Fox(1977)は異なる仮説を提示している。*A. lasiocarpa* の実生は *P. engelmanii* の林冠木の下に多く，また *P. engelmanii* の実生は *A. lasiocarpa* の林冠木の下に多いことか

ら，2種は相互置換により安定的に共存していると述べている。一方，Day (1972)とPeet(1981)は，大きな外的撹乱が *A. lasiocarpa* による *P. engelmanii* の競争排除を防ぐことにより，2種が共存していると述べている。どの説が妥当かは状況により異なると考えられる。なぜなら，植物種の更新は種間の競争関係だけから決まるわけではなく，土壌，気象，林床植生などの多くの生物的・非生物的要因が関係しているからである。したがって，多種系の共存機構を考える場合，種の更新動態に関与する因子を抽出することが重要だろう。

トドマツ *Abies sachalinensis* とアカエゾマツ *Picea glehnii* は北海道の亜高山帯で優占する常緑針葉樹である。寿命はトドマツが約200年と短いが，アカエゾマツは400〜500年ともいわれている。トドマツは北はサハリンから南は北海道まで分布し，アカエゾマツはサハリンから本州北部(岩手県の早池峰山)まで分布する。本州では早池峰山以外では分布は確認されていない。アカエゾマツは岩礫地，湿地，蛇紋岩地帯，砂丘など一般的に植物の生育にとって不適な場所で純林を形成する(Tatewaki, 1958)。一方，トドマツはアカエゾマツに比べて比較的土壌の発達した場所に分布するが，土壌条件にかかわりなく幅広く分布する。また，火山の噴火後，地すべりや山火事跡地などで，アカエゾマツは一斉林を形成するが，その一斉林はその後トドマツ優占林に遷移すると考えられている(舘脇・山中，1940)。土壌の発達した場所では，アカエゾマツは大きな撹乱なしにはトドマツとは共存できないのだろうか？　実際に2種はある条件ではよく混交した林を形成している。これは2種の更新・共存は単純な遷移系列では説明できないことを示唆している。

本章では筆者のトドマツ・アカエゾマツ林における研究を紹介する。一連の研究において，筆者は林床で優占するササが2種の共存に重要であることをみいだした。北海道ではササは数種分布しており，種によりサイズが異なるため林床での優占度は異なる。この章ではササを軸として，2種の共存メカニズムを解明していこう。

2. ササの優占度にそった2種の更新

個体群構造

調査は北海道の温根沼湖畔(プロット1)，糠平湖付近(プロット2)，十勝岳(プロット3)の3カ所のトドマツ・アカエゾマツ林で行なった(Takahashi, 1997)。温根沼付近や阿寒湖付近の森林は約240年前の雌阿寒岳の噴火後に形成されたものと考えられる。温根沼では噴火後に形成された場所(プロット1a)と噴火の影響の少ない場所(プロット1b)にそれぞれプロットを設定した。プロット2とプロット3は火山の噴火など大撹乱の影響のない場所である。林床で優占するササの優占度はそれぞれ異なっている。プロット1aではササはまったくなく，プロット1bではもっとも背の低いミヤコザサがまばらにある程度で(高さ約12 cm，密度0.5本/m²)，プロット3ではもっとも背の高いチシマザサが高密度に生えており(高さ約234 cm，密度25.3本/m²)，プロット2は高さ・密度ともにその中間でクマイザサが分布している(高さ約85 cm，密度10.5本/m²)。

樹高2 m以上の個体の胸高直径の頻度分布を図1に示す。原生状態にあるプロットでは，トドマツの密度はササの増加とともに大きく減少していることがわかる。この傾向はとくに小サイズクラスでより顕著であり，これはササの多いところほどトドマツの新規加入は難しいことを示している。それに対して，アカエゾマツはササの優占度にともなう変化は比較的少ない。雌阿寒岳噴火後に形成されたプロット1aでは，アカエゾマツが林冠層で優占しているが，その林冠木の枯死にともなって下層ではトドマツ・アカエゾマツともに新規加入が進んでいる。しかし，トドマツの胸高直径10 cm以下の小径木の密度は，親木が少ないにもかかわらず，アカエゾマツの2倍以上であった。以上から，噴火のような大きな撹乱後はアカエゾマツがはじめに更新するが，その後はトドマツ優占林に推移するものと考えられる。しかし，大きな撹乱がなくともササの存在はおもにトドマツの更新を阻害するため，アカエゾマツの更新を相対的に有利にすると考えられる。それでは，なぜササがトドマツの更新を阻害するかをみていこう。

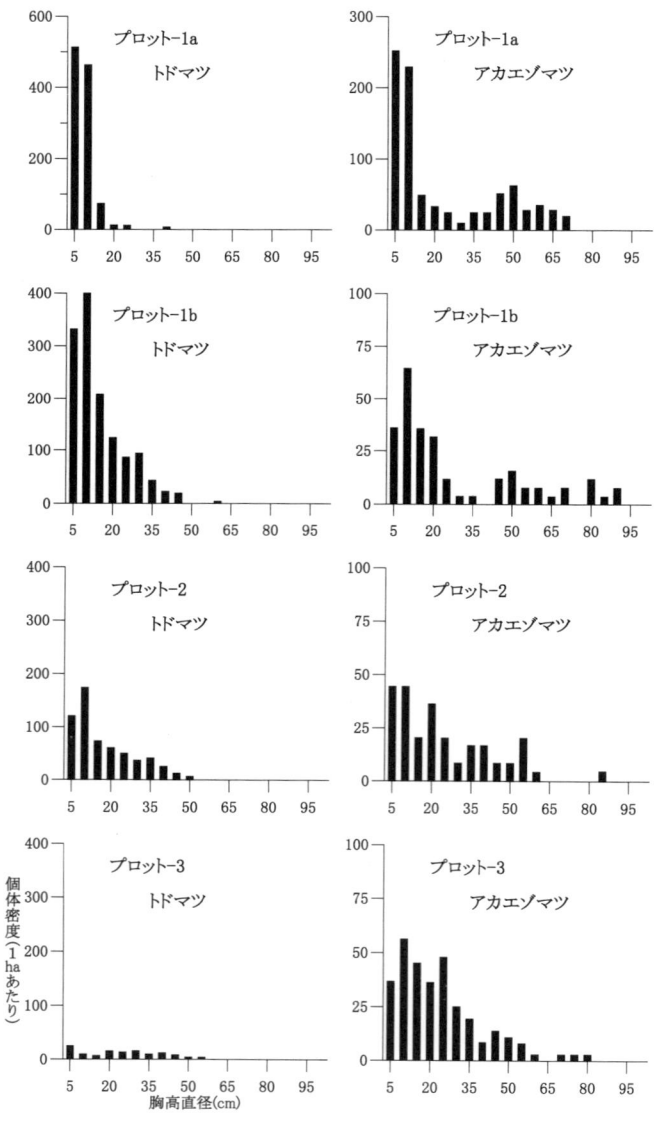

126　第III部　森の動態と樹種の共存

図1　トドマツとアカエゾマツの4プロットでの胸高直径の頻度分布（Takahashi, 1997より）

更新場所としての微地形

　林床は一見単純にみえるが，しかし植物にとってはじつはひじょうに多様なものである。たとえば，土壌の凹凸地形である。凹地では水が溜まりやすいために湿った状態になりやすく，逆に凸地では乾燥しやすい。また，林床では落葉などの植物遺体が，土壌の上に堆積している。植物の種子の大きさはさまざまであるが，小さな種子ほど，この植物遺体の影響をうけやすく発芽しにくい。しばしば風や雪などにより大径木が根系ごとひっくり返されるときがある。このときにマウンドが形成される。マウンドというのは，根系に付着した土壌が高さ1～2mほどに盛りあがった状態のものである。マウンドでは鉱質土壌が露出するために植物遺体の堆積物が少なく，小さな種子でも十分に発芽可能である。さらに土壌中の病原菌は種子の発芽定着を阻害する。とくに針葉樹に対しては暗色雪腐れ病がよく知られている。そのため，病原菌の少ない倒木上に針葉樹の稚樹が密生しているのが，しばしば観察される。もちろん，同じ針葉樹でも病原菌に対する感受性は異なる。また，ササの密生したところでは稚樹は大径木の根元付近に集中していることがある。ササは根系で広がっているために，大径木の根元付近では侵入できない。そこに稚樹が集中するのである。根本付近で枯死と再生を繰りかえす更新ばかり連続して行なわれるようになると，根の上に根が重なっていく。そのため，ササの優占した林では，根元がどんどん盛りあがった状態になることがしばしば観察される(松田，1989)。

　林床の微地形を地表，倒木，マウンド，大径木の根元の4種類に分類して，トドマツとアカエゾマツの更新を比較し，ササが両種の実生の定着に及ぼす影響を検討した(表1)。ササがまったくないプロット1aでは，トドマツの稚樹のほとんどは地表から出現していたが，ササの増加とともに地表からの割合は減少した。したがって，ササはトドマツの地表からの更新を阻害していたことがわかる。一方，アカエゾマツはササの状態にかかわらず，そのほとんどが倒木(プロット2)，あるいは大径木の根元(プロット1b，プロット3)のような，ササの影響の少ない地表から盛りあがったところに集中していた。

表1 各プロットでの樹高0.5〜2.0 mの稚樹の各微地形での0.1 haあたり個体密度と相対頻度（Takahashi, 1997より）。（　）内は相対頻度

種	プロット	地表	倒木	マウンド	根元	観察数
トドマツ	1a	109.0(86.5)	0(0)	0(0)	17.0(13.5)	126
	1b	81.6(71.8)	8.4(7.4)	2.8(2.5)	20.8(18.3)	284
	2	55.7(46.0)	34.4(28.4)	11.0(9.1)	20.0(16.5)	363
	3	0.3(1.1)	0.3(1.1)	3.3(10.9)	26.7(87.0)	92
アカエゾマツ	1a	59.0(80.8)	0(0)	0(0)	14.0(19.2)	73
	1b	0.4(9.1)	0.4(9.1)	0(0)	3.6(81.8)	11
	2	5.3(11.6)	28.7(62.3)	4.3(9.4)	7.7(16.7)	138
	3	0(0)	0.7(2.6)	0(0)	24.7(97.4)	76

ササの優占度にそった2種の共存条件

明らかに2種間での定着場所の違いがササの優占度にそった2種の密度の変化と対応していることがわかる。しかし，ここで注意しておきたいのは，倒木上でもトドマツのほうが稚樹密度は高く，2種間での完全な微地形の分割は起こっていないということである。発芽定着における微地形の利用が種間で異なっていれば，種間競争が回避されるために2種の共存は可能である。したがって，トドマツとアカエゾマツの場合，単純に発芽定着における微地形だけで2種の共存を説明することはできない。2種間で根本的に異なるのは発芽定着における微地形だけでなく，寿命もかなりアカエゾマツのほうがトドマツよりも長い。前述したようにトドマツが約200年くらいで枯死するのに対し，アカエゾマツは最大400〜500年である。寿命が短ければ，林冠木の死亡速度が高いために，林冠層での個体数を維持するためには，下層からの高い新規加入が必要になる。ササが2種の共存にどのように影響しているかを調べるために，2種の微地形の利用と寿命の違いを考慮したダイナミックシステムモデルによって検討した。

トドマツとアカエゾマツの林冠でおおわれた部分をX，Y，そして林冠の空いた状態（林冠ギャップ）のなかの地表と倒木の被度をそれぞれ，G，Zとする（$X+Y+G+Z=1$）。トドマツとアカエゾマツは地表（G）から，それぞれの被度に比例して$r_{XG}X$，$r_{YG}Y$の速度で更新し，倒木（Z）からは

$r_{XZ}X$, $r_{YZ}Y$ の速度で更新するとする。また，トドマツとアカエゾマツは $m_X X$, $m_Y Y$ の速度で林冠木が枯死すると考える。林冠木が枯死した場所は林冠ギャップとなるが，そのなかでは k という割合は必ず倒木が占め（ただし $0 \leq k \leq 1$），そして残りの $(1-k)$ は地表になると仮定する。したがって，トドマツが枯死した場合，$km_X X$ は倒木に，そして $(1-k)m_X X$ は地表になる。ここで，ササは考慮されていないが，ササの増加はパラメータ k の増加として考えることができる。なぜならばササの増加は地表からの更新を妨げ，相対的に倒木からの更新を有利にするからである。そうすると，外からの種子の供給がまったくない閉鎖系でのトドマツ，アカエゾマツ，倒木の被度の時間変化は以下のよう微分方程式で表わすことができる。

$$dX/dt = r_{XG}GX + r_{XZ}ZX - m_X X,$$
$$dY/dt = r_{YG}GY + r_{YZ}ZY - m_Y Y,$$
$$dZ/dt = m_X k X + m_Y k Y - r_{XZ}ZX - r_{YZ}ZY$$

この微分方程式を解くと，安定的な2種の共存は以下の3点を満たしたときに成立する（図2）。第一に，トドマツは地表で，そしてアカエゾマツは倒木上で相手よりも競争力が強いこと。そのためには，アカエゾマツが倒木上でのトドマツに比べての低い密度を補うだけ十分に低い死亡率を有すること

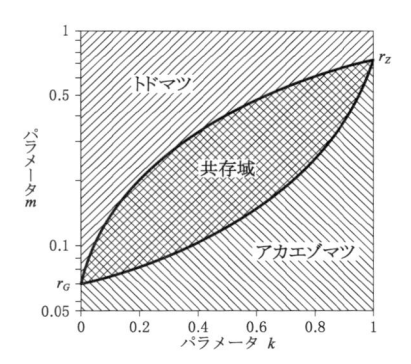

図2 ダイナミックシステムモデルから予測されたトドマツとアカエゾマツの優占域と共存域（Takahashi, 1997 より）。縦軸のパラメータ m はアカエゾマツのトドマツに対する死亡率の比，横軸のパラメータ k は更新場所としての倒木の相対的な割合である。この図では，短寿命のトドマツは長寿命のアカエゾマツよりも地表と倒木での更新速度が速いと仮定し，アカエゾマツのトドマツに対する地表での更新速度の比（r_G）と倒木での更新速度の比（r_Z）はそれぞれ 0.065 と 0.71 とした（本文参照）。

が必要になる。つまり，$r_{XG}/m_X > r_{YG}/m_Y$ と $r_{XZ}/m_X < r_{YZ}/m_Y$ を満たさなければならない。

　第二に，林床がある程度ササによっておおわれていること。図2からパラメータ k の高い部分と低い部分では共存域がせばまっていることがすぐにわかる。倒木が林床に占める面積割合はほんの数パーセントにすぎないが，ササがあることにより，倒木の相対的な重要性を増加させることで，2種の共存が可能になる。

　そして最後に，発芽定着のための最適な更新場所が，2種間で異なることである。アカエゾマツのトドマツに対する死亡速度，地表での更新速度，倒木上での更新速度の比を，それぞれ $m (= m_Y/m_X)$，$r_G (= r_{YG}/r_{XG})$，$r_Z (= r_{YZ}/r_{XZ})$ とする。パラメータ k が0と1のところでのトドマツとアカエゾマツの優占域の境界は，それぞれ r_G と r_Z である。もし発芽定着における最適な微地形が2種間であまり差がなかったら，つまり r_G と r_Z が近い値であったならば，共存領域は減少し，パラメータ k の変化に対して種組成はそれほど変化しなくなる。したがって，2種間で発芽定着のための微地形の完全な分割が起こっていなくとも，林床がある程度ササによっておおわれていること，そして2種間での寿命の違いから，トドマツとアカエゾマツは共存が可能なのである。

3. 定着場所の違いが種内・種間競争に及ぼす影響

　前節では発芽定着のための微地形の分割がある程度生じていることとササの存在が，2種の共存には重要であることを指摘した。2種系の競争の研究は古くは Lotka-Volterra の競争方程式から始まった。第2節で紹介したモデルは更新場所が2種類あるが，Lotka-Volterra の競争方程式は1種類である。そこから導きだされる結果は，2種が安定的に共存するためには種間競争よりも種内競争が強い場合のみである。それ以外は，どちらか一方の種が他種を追いだしてしまうか，あるいは初期条件によって結果が決まってしまう。それから，しばらく後に Newman(1982) は Lotka-Volterra の競争方程式に空間構造を加えて多種系の共存を解析した。その結果は，種間で発

芽定着のための微地形が異なっていれば，種ごとに集中分布するために種間競争よりも種内競争が強くなり，その結果，多種共存が促進されるということであった．ひじょうにイメージしやすい結果である．それでは，トドマツとアカエゾマツの場合はどうなのであろうか？　ここでは，種内・種間競争がササの優占度にそった2種の共存とサイズ構造にどのように影響しているかを，サイズ構造モデルを用いて検討した．

サイズ構造モデルは Kohyama(1989) によって開発されたものである．簡単にいえば，サイズ構造の時間変化は最小サイズへの新規加入速度，成長速度，そして死亡速度の3種類の生活史パラメータの関数として記述できる．また，これらの生活史パラメータは定数ではなく，まわりの混みあいの程度によって変化する．とくに，植物は光をめぐって競争しているため，まわりにどれだけ自分よりも大きな個体がいるかが重要になってくる．明るい林冠ギャップならば，稚樹の新規加入速度と個体の成長速度は促進される．逆に上層が完全に閉じた状態ならば，新規加入速度，成長速度はともに減少する．死亡速度についても同様である．したがって，新規加入速度，成長速度を記述する式では，被陰されていない状態での固有の最大速度から被陰の効果による減少分を引くことになる．死亡速度は逆に固有の死亡率に被陰による増加分を加えていくことになる．光は個体の葉群によって遮断され，上層から下層に向かって指数関数的に減少する．また，単木の葉量は胸高断面積と比例関係にある．そこで，被陰効果は上層木の積算の胸高断面積値で表わすことができる．Kohyama(1989) では種ごとの効果は考慮されていない．Nakashizuka and Kohyama(1995) では針広混交林での針葉樹と広葉樹の共存を解析するため，このモデルを拡張してそれぞれのギルトが別々に生活史パラメータに影響するとした．そこで，Nakashizuka and Kohyama のモデルを用いて，トドマツとアカエゾマツの共存を解析した．ここでは，ササの2種の共存に及ぼす影響をみるために，ササは新規加入に影響すると仮定した．

上節で紹介した3プロットでの4年間のセンサスデータから，トドマツとアカエゾマツの新規加入速度と成長速度を，種ごとの胸高断面積合計値の関数として経験式を作成し，パラメータを算出した．ここでは4年間に新たに

胸高直径5cm以上になったものを新規加入とした。また，この期間内に十分な数の死亡個体はえられなかったので，死亡速度については種ごとの被陰効果は算出できなかった。えられたパラメータは，トドマツ・アカエゾマツとも新規加入速度・成長速度とも，他種よりも自種により強く阻害されていることを示した(図3)。また，図には載せていないが，アカエゾマツの新規加入はササの影響をほとんどうけていなかったのに対し，トドマツの新規加入はササによって強く阻害されていた。これらのパラメータを用いて，シミュレーションモデルを走らせてみると，トドマツとアカエゾマツはササ密度の幅広い範囲で共存し(図4A)，安定共存状態でえられたサイズ構造は実際に観察されたものをひじょうによく再現していた。ためしに，種ごとの効果を考慮しないモデルを走らせてみると，2種の共存域は出現せず，ササ密度の低いところではトドマツが，そしてササ密度の高いところではアカエゾマツが優占する結果となった(図4B)。したがって，有利な発芽定着場所が2種間で異なることが，種間競争よりも種内競争を高め，そしてそれが2種の安定的な共存をもたらしていた。

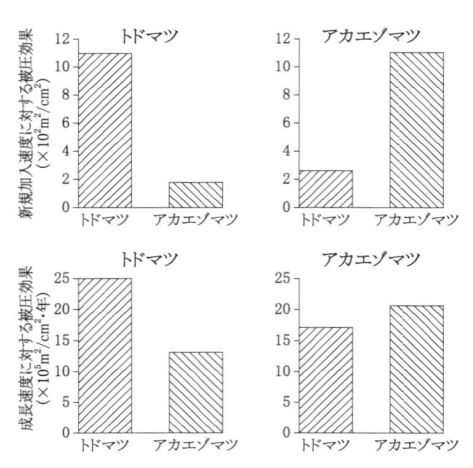

図3 トドマツ(左)とアカエゾマツ(右)の幹直径のサイズ成長速度(上)と新規加入速度(下)に対する種ごとの被圧効果(Takahashi and Kohyama, 1999 より)。それぞれの速度に対する被圧効果は上層木の胸高断面積あたりで表わした。

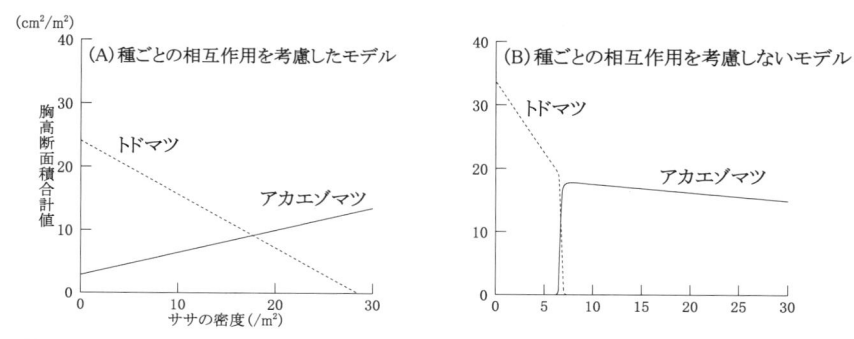

図4 シミュレーションモデルから予測された，ササ密度によるトドマツとアカエゾマツの胸高断面積合計値の変化(Takahashi and Kohyama, 1999 より)．A：種ごとの相互作用を考慮したモデルの結果，B：種ごとの相互作用を考慮しないモデルの結果，実線：アカエゾマツ，破線：トドマツ

　以上，北海道の亜高山帯で優占するトドマツとアカエゾマツの共存メカニズムを，ササと発芽定着に利用する微地形を軸としてみてきた．林床で優占しているササは林木種の更新を阻害することで知られており，林業的にも問題になっている．しかし，逆にいえば，北海道の林木種はササの影響をうけながら更新しており，その結果として森林が形成されている．アカエゾマツのようにササがあることで優占できる種があることは興味深いことである．多種系の共存メカニズムは単純に種対種の関係で決まるわけではなく，ましてや平衡・非平衡で括れるものでもない．今後，多種系の共存メカニズムの理解には，生活史特性の理解とそれにかかわる動的な環境要因の影響評価が重要であろう．

第10章 照葉樹林の構造と樹木群集の構成

鹿児島大学・相場慎一郎

1. 照葉樹林とはどのような森林か

　照葉樹林は西南日本の極相林で，冬も葉を落とさない常緑広葉樹が優占する森林である。照葉樹林が常緑なのは，冬の低温がなく休眠する必要がないためで，北海道などの北方林でトドマツやエゾマツが葉を生産したコストをとりかえすまで葉をつけ続けるために常緑であるのとは違う理由によるものである。世界全体をみてみると，西南日本ぐらいの緯度は中緯度高圧帯の影響下で乾燥気候になることが多く，照葉樹林はモンスーンの影響下にある東アジアに特有なタイプの森林であるといわれてきた。しかし，たとえば南半球の温帯や熱帯山地などのように年間を通じて温暖で湿潤な気候のもとには照葉樹林と構造・相観・構成種の系統などに共通点のある森林がみられる。この意味では照葉樹林は，熱帯低地雨林から続く常緑雨林の辺縁に位置することになり，暖温帯雨林として位置づけることができる(大沢，1995)。

　照葉樹林は，熱帯低地雨林に比べれば種多様性ははるかに低く，温帯でよく使われるように優占種にもとづいて「シイ林」とか「イスノキ林」というよび方がまだ可能な範囲にある。しかし，これはとくにスダジイやイスノキが大きくなるのでめだっているためであり，1つの森林をみてみるとかなりの樹種が数のうえでは優占種に劣らず多く存在するのがわかる。たとえば屋久島のイスノキ林では，計約1 haの調査区内の3450本中(幹直径2 cm以

上)に合計37種の樹種が存在し，そのうちイスノキが435本を占め，そのほか主要な13種も97本から438本という高い個体密度を示す(表1)．ちなみに，熱帯低地雨林では1 haの調査区に300種以上が出現することもある(幹直径10 cm以上)．ある空間内に同所的に生息する種の集合を生態学では「群集」とよび，研究対象の特定のグループだけを抽出して，たとえば昆虫群集などとよぶ．照葉樹林の樹木群集は，手におえないほど多様でもなく，単純すぎることもなく，多種が共存する生物群集を研究するにはちょうどよいモデル群集であるかもしれない．

　屋久島の一部は1993年12月に世界自然遺産に登録された．巨大で長命なスギが優占する山地林がとくに有名だが，低地には日本でも最大規模の広い面積にわたって照葉樹林が原生状態で残っている．低地からスギ林をへてヤクシマダケの草原が広がる山頂(標高1935 mの宮之浦岳は九州最高峰)までの植生の垂直分布そのものが，世界的に貴重な自然として評価された．おおよそ標高1000 mまでが照葉樹林であるが，海岸部ではウバメガシやタブノキが多く，標高があがるとスダジイが優占し，さらに標高500 m前後を境にイスノキが優占種となる(湯本，1995)．標高500 mから700 mにかけての屋久島西部のイスノキ林には，1981年から1983年にかけて甲山隆司(当時京都大学大学院生)により設定された計約1 haの永久調査区がある．永久調査区は，いずれも登山道や林道から1時間以上はいりこんだ山深くにあり，直径1 m前後のイスノキが不釣り合いに樹高が低いずんどうの姿で散在する(写真1)．この永久調査区のデータをもとに，1993年に樹種の共存機構にかかわる「森林構造仮説」が甲山により発表されている(後述)．筆者はこの調査区を再調査して研究を行なってきた．

　樹種は空間・光・水・栄養塩といった同じ資源を利用しながら森林のなかでたがいに競争しながら共存している．生態学には，同じ資源をめぐって競争する生物種は共存できないとする競争排除則とよばれる概念がある．森林，とくに常緑雨林は，外見上似通った樹種が多種共存している点で，生態学的に興味ある研究対象とされてきた．樹種の多種共存については，大きく分けて2つの考え方がある(木元・武田，1989；伊藤ほか，1992)．1つは，樹種はお互いに競争能力に差がないから確率論的な過程を通じて共存している，

表1 屋久島の照葉樹林に設定された計1haの調査区内の主要な14樹種の胸高直径8〜16cmのときの生活史特性（Aiba and Kohyama, 1997を改変）。ただし、個体数は胸高直径2cm以上の総数、樹冠幅は胸高直径12cmのときの平均値。CPIについては142頁参照。

種	略号	科	個体数	最大樹高 (m)	材比重 (g/cm³)	CPIの中央値	樹冠幅 (m)	成長速度 (mm/年) 中央値	成長速度 (mm/年) 最大値	死亡速度 (%/年)
[高木種]										
イスノキ	Dr	マンサク科	435	21.0	0.91	3.2	4.10	0.5	5.7	0.7
バリバリノキ	La	クスノキ科	276	18.5	0.61	3.0	3.51	0.9	5.8	1.4
イヌガシ	Na	クスノキ科	292	17.0	0.64	2.9	3.69	1.1	6.9	1.9
クロバイ	Sp	ハイノキ科	123	15.4	0.46	2.9	3.23	1.6	5.4	4.0
ナギ	Pn	イヌマキ科	217	17.3	0.58	3.5	3.54	0.1	1.6	0.6
[亜高木種]										
サカキ	Cl	ツバキ科	210	14.6	0.65	3.5	4.76	0.2	2.9	0.6
サザンカ	Cs	ツバキ科	161	16.1	0.69	3.5	4.80	0.2	2.5	0.8
ヤブツバキ	Cj	ツバキ科	97	14.8	0.73	3.3	3.94	0.5	2.4	1.0
シキミ	Ia	シキミ科	398	14.7	0.66	3.3	3.34	0.4	3.1	1.7
タイミンタチバナ	Ms	ヤブコウジ科	212	14.4	0.81	3.4	4.01	0.7	3.2	0.6
ミミズバイ	Sg	ハイノキ科	129	14.3	0.59	2.7	2.83	0.5	4.3	6.7
オニクロキ	St	ハイノキ科	187	15.0	0.68	3.0	3.84	0.6	2.4	3.1
[低木種]										
サクラツツジ	Rt	ツツジ科	116	9.8	0.69	3.9	4.39	0.1	1.0	2.4
ヒサカキ	Ej	ツバキ科	438	10.5	0.61	3.7	5.03	0.0	1.1	1.2

写真 1 屋久島の小楊子川北岸に設定された永久調査区にあるイスノキの大径木

または,たとえ競争能力に差があっても競争の優劣関係を凌駕するような環境の変動があるため共存できるとする。すなわち,競争は重要ではないと考える。もう1つは樹種の競争能力には差があるが,ある種は特定の環境のもとでのみほかの種よりも優位なので,森林の内部の微環境の違いに応じて,競争種が資源を使い分けることで共存していると考える。本章では,このうち後者の立場にたって照葉樹林の樹木群集をみていく。

2. 森林の追跡調査

　照葉樹林では一見すると，ほとんど区別のつかないたくさんの樹種が雑然と混在しているようにみえる。筆者自身，学部学生のころの野外実習でクロバイとヒサカキの区別がつかずに往生した記憶があるし，現在の調査地のボルネオの熱帯雨林ではいまだに往生している。しかし，何回も森に通っているとだんだん種を見分けられるようになり，それぞれの種が特有の生き方をしているのに気がついてくる。最初は絶望的な気持ちになるだろうが，そのうちに葉っぱ1枚だけをみても違いがわかるようになってくるし，環境や木の全体をみたうえで判断できるようになる。たとえば，この種は湿った谷に生え，枝を横にはり，けっして林冠まで達するような大木にはならない，暗い所でも花をつけるが成長は遅いようだ，というように。こういう印象をきちんとデータにするには，森林に四角い囲い（方形区）を設け，そのなかの木すべての胸の高さでの幹直径（胸高直径）を測定するのが森林科学で確立された方法で，毎木調査とよばれている。1回測れば，それぞれの種のサイズ構造（最大サイズや大きい木と小さい木の頻度など）がわかり，繰りかえし測定を行なえば幹直径成長速度・新規加入速度（調査対象の下限幹直径より小さかった木が下限をこえて成長してくる速度）・死亡速度という個体群動態の3要素がわかる。照葉樹林では，直径成長を調べるのに2年ぐらいあいだをおけば十分である。新規加入速度と死亡速度を推定するにはもっと調査期間が長いほうがよいが，調査期間が長ければ長いほど低めに推定されてしまうことに注意しなくてはならない（Sheil and May, 1996）。調査面積が広く木の本数が多ければ期間が短くても正確に推定できるだろう。筆者らは，甲山の永久調査区で胸高直径を再測定し，10年間にわたる森林の変化を記録するとともに，樹高や樹冠の形などを測定した。その結果，一見そっくりにみえる照葉樹林の樹種のあいだにも，個体群動態や樹形などの生活史特性にさまざまな違いのあることがわかった（表1）。

　木は一度根をはった場所から動くことのできない固着性の生物であるが，動物が餌を食べるのと同じように，根で土壌中の水と栄養塩を吸収し葉で光

をうけて光合成を行なって生活している。木の形はこのような資源利用を効率よく行なうようにできており，いわば木の「行動」がそのまま形になったものとみなすことができる。地下の根の形態は観察が困難であるのでここでは無視して，葉の集まりである樹冠について考えてみたい。樹冠は横に広ければ広いほど，葉の重なり（自己被陰）を減らして，広い範囲の光をうけることができ，光合成を盛んに行なうことができるが，樹冠を支えるための枝に光合成産物を投入しなければならないので，すばやく樹高成長を行なうには不利である。逆に，樹冠の幅が狭い形は，樹高成長に有利であるが，自己被陰が大きくなり，ほかの木の下などの光が弱い環境では，光合成量が呼吸量を下まわって死んでしまう可能性が高い。このように樹冠の形は，それぞれの樹種の生活のしかたに密接に関係していると考えられる。筆者らは少々乱暴ではあるが樹冠を楕円柱に近似して測定を行ない，幹直径を独立変数とみなして単純・拡張の両アロメトリー式（相対成長式）に回帰して分析した。単純アロメトリー式は両対数プロットした場合の直線関係を記述する式で，生物の形態の変数どうしの関係に広くあてはまる。これに対し拡張アロメトリー式は，従属変数が頭打ちになる関係を記述する（図1）。

　その結果，幹直径の増大に対して樹高と樹冠幅のどちらかが先に頭打ちになってしまう現象がいくつかの種でみられた。たとえば，イスノキとバリバリノキは，幹直径の増大に対し樹高が頭打ちを示したが，樹冠幅は増大し続けていた。この2種は典型的な高木種で，林冠という厳しい条件に達して樹高成長が抑制された後でも，樹冠を横方向に発達させながら幹直径を成長させ続ける能力が高いのであろう。逆に，サカキ・サザンカ・タイミンタチバナなどの亜高木では，樹高が頭打ちになる傾向が弱く，樹冠幅が頭打ちになった。これら亜高木は，樹高が林冠の最上部に達すると樹冠を横方向に発達させることができず，それ以上幹直径も成長させることができないので結果的に樹高の頭打ちが検出されないのだと考えられる。サクラツツジ・ヒサカキなどの低木は，樹高・樹冠幅いずれも頭打ちにならないが，林冠に到達することがほとんどないので，どちらも直線的なアロメトリー関係を示すのであろう。

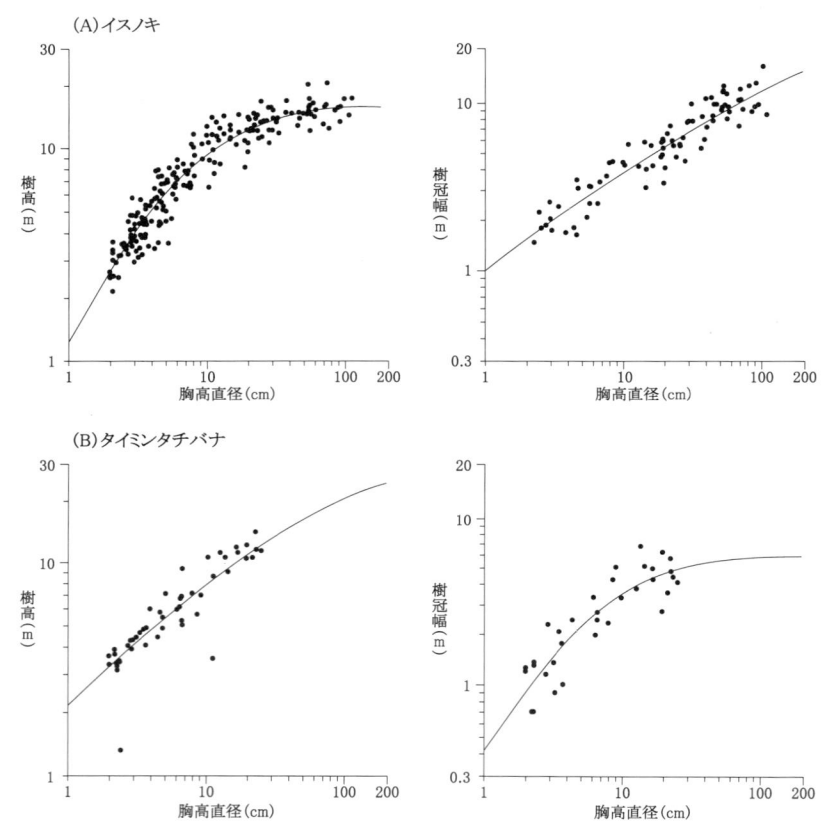

図1 胸高直径と樹高または樹冠幅の関係の例(Aiba and Kohyama, 1996, 1997 を改変)。図中の曲線は拡張アロメトリー式。高木のイスノキでは，胸高直径の増大に対し，樹高が頭打ちになるが，樹冠幅は頭打ちにならない。亜高木のタイミンタチバナでは逆の傾向がみられた。

3. 森林の階層構造と水平的不均一性

　森林は巨大でしかも複雑な三次元構造をもっている。これを複雑なまま把握するのは困難なので，単純化する必要がある。そこで，森林を単純な三次元，さらに二次元，一次元へと単純化して把握することは森林を研究していくうえでは有効な方法である。森林を垂直方向に切断するようにみていくと，

物理環境が連続的に変化していくのがわかるだろう。林冠から林床にかけて光は減衰していき，乾燥などのストレスは小さくなっていく。このような環境の変化のことを「環境傾度」とよぶ。森林内の垂直的な環境傾度にそって，樹種はそれぞれ異なった成熟サイズをもって共存しており，このことは種の階層構造とよばれる（山倉，1992）。種の階層構造は古くからよく知られた現象であるが，それぞれの種の生活史がどのようにかかわっているのかについては詳しいことはよくわかっていなかった。たとえ成熟サイズが大きい高木種であっても，成長していく過程では低木種と同じ環境で生活していることになる。このような成長の過程においても高木種と低木種には違いがあるのだろうか？

　甲山は，屋久島の照葉樹林の追跡調査でえたデータをもとに，階層構造をなす高木（イスノキ）・亜高木（シキミ）・低木（ヒサカキ）の3種が，最大到達サイズと潜在的な新規加入速度のあいだに負の関係があることによって共存できることを，シミュレーション・モデルにより示した（Kohyama, 1992）。このことは，個体レベルで栄養成長と種子繁殖のどちらに多く資源を分配するかが高木と低木では異なっていることを示唆しているが，まだこの点を厳密に検討した研究は行なわれていない。同じ調査地でのその後の研究では，光資源の利用を反映すると考えられる幹の直径と樹高の関係に種の階層構造にもとづく違いがみられた（Aiba and Kohyama, 1996）。すなわち，高木種ほどひょろ長く，低木種ほどずんぐりした樹形をしていた。しかし，平均成長速度や死亡速度には高木種と低木種で違いがみられず，これら個体群動態の種間変異は，森林の垂直方向の微環境傾度とは対応していないと考えられた。

　階層構造は森林のなかでも林冠が発達した部分に認められるもので，大きい木の枯死などにより林冠が崩壊した部分（ギャップ）では明瞭ではない。森林は水平方向にも不均一で，同じようなサイズの木でもギャップと林冠が発達した部分とでは環境条件がまったく異なる。ギャップは，とくに耐陰性が低く発達した林内では生きることができない樹種（先駆性樹種。照葉樹林ではアカメガシワやカラスザンショウが代表的）が森林のなかで生き残り，子孫を残していくうえで重要であることが1980年代までの研究でわかってき

た。その結果，森林をギャップと林冠が閉鎖した部分とに二分して単純化してとらえるイメージがつくられた。前に述べたとおり，複雑な森林の三次元構造を単純化するというのは森林研究において不可欠なステップではあるけれども，研究が進んで，この「スイス・チーズ」*としての森林像の限界が指摘されるようになった(Platt and Strong, 1989)。閉鎖した林冠といっても，林冠を形づくっているのは1本1本の木の樹冠であり，個々の木のおかれる環境は隣りあう樹冠どうしの位置関係によりさまざまである。

　筆者らは，このような閉鎖林冠における水平的不均一性を評価するために個々の木について樹冠の環境を指数化する手法を用い，この指数をCPI(crown position index)と名づけた(Aiba and Kohyama, 1997)。樹冠が林冠の最上層に位置し，隣りあう木に光を遮られることなく垂直方向に露出しているものを指数1とし，逆に樹冠が林冠に達しておらず，直射光をうけることがないものを指数4とし，その中間段階を含めて計4つに分けた(図2)。こうして，いわゆる「閉鎖林冠」の部分に成育する個々の木の環境条件を記述し，各種についてサイズの成長による環境の変化を分析した。その結果，同じようなサイズでも種によって，その環境条件がさまざまであることがわかった(表1)。たとえば，幹の直径が8〜16 cmサイズのクラスをみてみると，ツバキ科のヤブツバキ・サカキ・サザンカなどは，樹冠が周囲の木の下

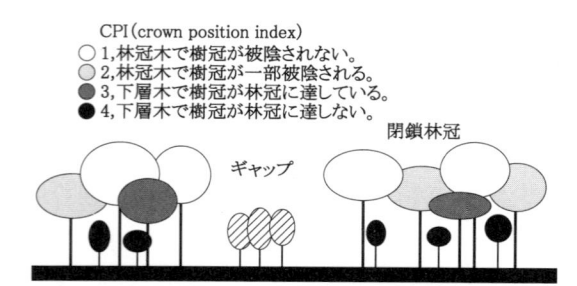

図2　樹冠の光環境の模式図。林冠の崩壊部分(ギャップ)では階層構造が明瞭ではないが，閉鎖林冠部では階層構造が発達し，樹冠の位置関係によって，個々の木の光環境はさまざまである。これを指数化したのがCPI。

*テレビアニメ「トムとジェリー」でおなじみの小さい穴がたくさんあいたチーズのこと。ギャップという「穴」と閉鎖林冠という「チーズ」からなる森林のイメージのたとえ。

に位置することが多かった。逆にハイノキ科のクロバイ・オニクロキ・ミミズバイなどは，林冠を形成する樹冠どうしのすき間の部分にはまりこむようにして直接光をうけることができる位置に樹冠があることが多かった。さらに，このような樹冠のふるまいは，樹冠の幅や材比重，成長速度・死亡速度のようなそれぞれの種の生活史特性と関連していることがわかった。たとえば，樹冠がほかの木の下になることが多い種は，樹冠を横方向に発達させ，材比重が重く，成長速度・死亡速度が小さい傾向があった。

4. 森林構造と多種共存のしくみ

甲山は，前述のモデルにギャップ形成を組み込み，階層構造による共存はギャップ形成が起こることで促進されることをみいだし，階層構造と水平的不均一性の両方が樹種の共存をもたらすという「森林構造仮説」を提唱した（Kohyama, 1993；甲山, 1993）。生活史特性の多様性は，森林の階層構造と水平的不均一性のどちらと大きく関係しているのだろうか？ 屋久島の照葉樹林では，森林の水平的不均一性のほうが重要であるとの結論がえられた（Aiba and Kohyama, 1997）。図3は，樹冠幅・材比重・成長速度の最大値と中央値・死亡速度という5つの変数にもとづいた主成分分析の結果を示している。主成分分析とは，多くの変数を「主成分」とよばれる少数の変数へと要約する統計的手法で，この場合5つの変数にみられる種間の違いのほと

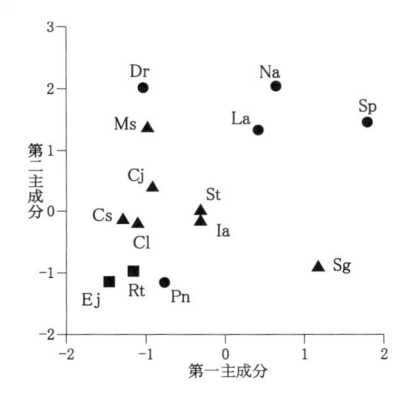

図3 胸高直径8〜16 cmのときの生活史特性にもとづく主成分分析の結果（Aiba and Kohyama, 1997を改変）。●：高木種，▲：亜高木種，■：低木種。種の略号は表1参照。

んどを第一主成分によって要約することができた．第一主成分が大きい種ほど，樹冠幅・材比重が小さく，成長速度の最大値と中央値・死亡速度が大きい．記号の形の違いは高木・亜高木・低木という階層の違いを表わすが，階層による違いは第一主成分上では明瞭でなく，逆に同じ階層内でばらついていることがわかる．第一主成分の種のスコアは，種の最大サイズ(階層構造における種の位置を表わす)とは無関係で，CPIと相関しており，第一主成分が大きい種ほど樹冠が光をよくうける位置にあった．

　森林の水平的不均一性は，同じようなサイズの木に好適な条件と不適な条件があることを意味するが，好適な条件は時間的にも空間的にも変動が大きく，いつどこで起こるかは予測が難しい．主成分分析によって要約された生活史特性の多様性は，このいつ起こるかわからない好適な条件に対して「楽観的」であるか「悲観的」であるかという生き方(生活史戦略)の違いと関係している．すなわち，第一主成分が大きい楽観的な種は近い将来に上の木がいなくなった場合に適した戦略(好適な光条件で成長速度を大きくできる)をとっており，そのもっとも極端な場合が先駆性樹種である．これと反対に，第一主成分が小さい悲観的な種は，将来にわたってほかの木の下で生き永らえるのに有利な戦略を選んでいると考えられる．ここで重要なのは，楽観的戦略と悲観的戦略が両立不可能なことで，たとえば，好適な光条件に適した楽観的戦略を選んでいると現在の不適な条件では長く生き永らえることはできない．逆に，耐陰性が高い悲観的戦略をとっていると，たとえ好適な光条件がおとずれても成長速度は遅いままでいるほかはない．

　興味深いのは，この森林の水平的不均一性に対応した生活史特性の多様性が，低木ではみられないことで，屋久島照葉樹林の低木(ヒサカキ・サクラツツジ)は2種とも悲観的な戦略をとっており，楽観的戦略をとる低木は存在しない．これは，冷温帯林や熱帯雨林で先駆性低木が林内にみられるのとは対照的である．このことは，照葉樹林がこれらの森林に比べ水平的不均一性に乏しく，低木の成熟個体が樹冠を展開させることの多い林冠の直下部では，好適な条件が起こる頻度が少ないためであるかもしれない．森林の水平的不均一性は，台風などの撹乱によって促進され，不揃いな林冠構造をもつ森林で大きくなるが，屋久島の照葉樹林は，台風による撹乱に対する抵抗性

が大きく，明瞭な林冠構造をもつ点が特徴なのである。

　本章では，屋久島の照葉樹林で，一見同じようにみえる樹種が，森林構造の微環境に対して，異なった生活史戦略をとっていることを述べてきた。階層構造については，高木・亜高木・低木の3種が光資源をめぐって競争しながらも，栄養成長と種子繁殖のどちらに優れているかという点に違いがあることで共存できることが，甲山のシミュレーション・モデルにより示された。このモデルでは，栄養成長優先戦略と種子繁殖優先戦略が両立不可能なことが共存の条件である。競争が重要な生物群集では，このように1つに秀でた種がもう1つではほかの種より劣っていること（トレードオフ）が共存の必要条件だと一般的に考えられている。森林構造の水平的不均一性に対応した楽観的戦略と悲観的戦略も，トレードオフの関係にあるので，うまくモデル化すれば多種共存を導くことが可能だと考えられる。本章と同じく樹種の共存を主題とする他の2章は，それぞれ更新特性の違いと空間的すみ分けの重要性を強調しているが，これらもトレードオフ関係が存在するからこそ，共存のメカニズムとなりうる。

　照葉樹林でも，更新特性や空間的すみ分けといった要因はやはり重要である。低木の2種は，いずれも小さい種子をつくり，実生の根が急傾斜地での更新に適した形態を示すが，サクラツツジのほうがヒサカキよりも岩の上で更新する頻度が高いようにみえる。また，ツバキ科の亜高木3種（ヤブツバキ・サカキ・サザンカ）は，森林構造に対応した戦略の点ではほとんど違いがないが（図3），地形的にはこの順番で尾根から谷へとすみ分ける傾向がある。1つの森林でのこれらの要因を総合的に考慮し，それぞれの要因の相対的重要性を明らかにすること，また，温帯から熱帯といった地理的スケールでの環境傾度にそって，各要因の多種共存への貢献度がどのように変化するのかを明らかにすること，これらが今後の研究の課題である。

第11章 リュウノウジュの林冠優占と熱帯雨林の多様性

大阪市立大学・伊東　明

1. 熱帯雨林と優占種

　熱帯雨林はきわめて多くの樹種から構成されているため，ふつう，特定の種が林冠全体を優占することはない。しかし，熱帯雨林にも明らかな優占種をもつ単純な森林のあることも古くから知られていた。熱帯雨林の生態学的知見を初めて集大成したリチャーズの名著"The Tropical Rain Forest"(Richards, 1952)のなかで，すでに彼は，ただ1つの種が林冠を優占する単一種優占林(single-dominant forest)と優占種をもたない混交林(mixed forest)について多くの例をあげ，両者の関係に思索をめぐらせている。

　もっとも個体数の多い種が林冠を優占する度合い(優占度)は，熱帯雨林によってさまざまに異なり，その値は連続的に変化する。そのため，どのくらいの優占度があれば単一種優占林とみなすかについては，統一的なきまりがあるわけではない。コンネルとローマンは過去の文献を整理して，林冠木の半数以上を1種で占める熱帯雨林を単一種優占林とした(Connell and Lowman, 1989)。こうした単一種優占林は，アジア，アフリカ，アメリカすべての湿潤熱帯地域にみられる。たとえば東南アジア・ボルネオ島の *Shorea albida* (フタバガキ科)は林冠木の78%を，南米ギアナやトリニダードの *Mora excelsa* (マメ科)は64〜84%を，アフリカ・ザイールの *Gilbertiodendron dewevrei* (マメ科)は66〜100%を1種で占めるという。

これらの単一種優占林のなかには，特殊な土壌と結びついているものも少なくない．*S. albida* 林は泥炭湿地にのみ出現するし，*M. excelsa* 林は河川ぞいなどの排水の悪い土壌に成立する．しかし，優占林の分布は必ずしも土壌に規定されているとは限らない．たとえば，*G. dewevrei* 優占林の土壌は，隣りあって存在する優占種のない混交林のものととくに違いはみられないという．では，なぜ *Gilbertiodendron* は熱帯雨林で優占種になれたのであろうか．熱帯雨林を優占できる種とできない種のあいだにはどんな違いがあるのだろうか．

単一種優占林で，なぜ特定の種が林冠を優占できるのかという疑問は，裏を返せば，熱帯雨林を構成する多くの種がなぜ優占種になれないか，という問題にかかわってくる．それは，「熱帯雨林の樹木の多様性はなぜ高いのか」という，熱帯生態学においてもっとも根本的で，もっとも重要な課題そのものを問うことにつながる．つまり，単一種優占林をつくりだす種を研究することは，熱帯雨林の多様性の問題に搦め手から迫る1つの有効な手段になりうるのである．

本章では，東南アジア熱帯で，優占度の高い森林をつくる木として知られている，フタバガキ科のリュウノウジュ属 *Dryobalanops* をとりあげ，その優占度がどのように決まっているのかを考えてみたい．そして，リュウノウジュの優占度について考えることで，熱帯雨林の樹種多様性の問題に多少なりとも迫ってみたい．

2. 擬優占種リュウノウジュ

ボルネオ島のマレーシア・サラワク州にあるランビル国立公園には，大阪市立大学の山倉拓夫博士とハーバード大学のピーター・アシュトン博士らがサラワク森林局と共同してつくった，総面積52 ha（幅500 m，長さ1040 m）の永久調査区がある．私自身もこの調査に参加して，リュウノウジュをおもな研究対象としてきた．調査地には，リュウノウジュ *D. aromatica* とホソバリュウノウジュ *D. lanceolata* の2種のリュウノウジュ属樹木が分布する．どちらも最大で樹高60 m以上，直径2 mに達する巨大高木である（写真1）．

148　第III部　森の動態と樹種の共存

写真1　リュウノウジュ(左)とホソバリュウノウジュ(右)の大木。熱帯雨林の樹種には板根が発達するもが多い。板根のある木は，ふつう，板根のすぐ上で直径を測る。

　リュウノウジュはマレー半島，スマトラ島，ボルネオ島に分布している。樹脂からは防虫効果のある「竜脳」が採れる。19世紀まで，竜脳はこの地域の重要な輸出品であった。ホソバリュウノウジュのほうはボルネオ島にのみ分布し，竜脳は採れない。
　リュウノウジュは，東南アジア熱帯で優占度の高い森林をつくる例として，Richards(1952)やWhitmore(1984)などにも取りあげられている。さて，私たちの調査地でこの2種の優占度はどのくらいあるのだろうか。図1は，調査区を50m四方の方形区に分割して，それぞれの方形区ごとにもっとも個体数が多い種の優占度を頻度分布で示したものである。優占度は直径30cm以上の個体を林冠木と考えて，もっとも個体数の多い種が林冠木総数の何パーセントを占めるかで表わした。方形区あたりの林冠木総数が20本未

第 11 章　リュウノウジュの林冠優占と熱帯雨林の多様性　149

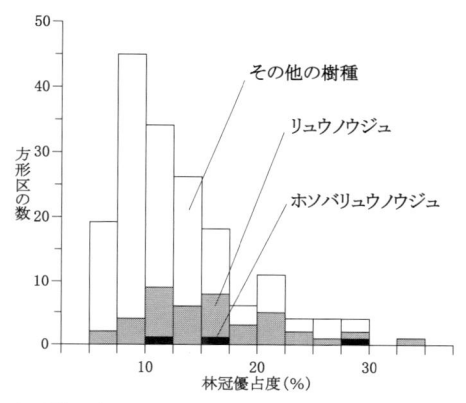

図1　ランビルの大面積調査区における林冠優占度の頻度分布。林冠優占度は，50 m 四方の方形区においてもっとも個体数の多い林冠樹種が，林冠木（胸高直径 30 cm 以上の個体）全体のどのくらいの本数を占めているかで示してある。

満の方形区は，母数が小さいため優占度がどうしても高くなってしまうのでここでは除いてある。そうした方形区があるのは，地滑り跡などの大規模な撹乱のあった場所に限られていた。

　リュウノウジュ属 2 種の優占度は最大で 30〜35％あった。つまり，3 本に 1 本の林冠木がリュウノウジュということになる。30％の優占度というのは，山にはいってまわりを見渡すと，必ずリュウノウジュの大木が何本か目にはいり，リュウノウジュとリュウノウジュのあいだにさまざまな種がいりまじっている，といった感じの森である。2 種のリュウノウジュ以外で優占度が 25％以上になるのは，*Dipterocarpus globosus* と *Shorea geniculata* しかない。優占度 20％以上にしても，これに *Shorea curtisii* が加わるだけである。いずれもフタバガキ科の種である。ランビルの林冠を構成する樹種のなかでは，2 種のリュウノウジュは特別に優占度が高くなると考えてよさそうである。

　しかし，リュウノウジュとホソバリュウノウジュの優占度が，いつでも 30％近くあるというわけではない。図 1 からもわかるように，これら 2 種が優占している方形区でも，その優占度は 5〜35％までさまざまである。また，リュウノウジュが優占している方形区の数は，ほかの種に比べれば明らかに

多いとはいうものの，52 ha の調査区全体からみれば半分にも満たない。ホソバリュウノウジュでは3つの方形区で優占しているにすぎない。実際，リュウノウジュ2種の空間分布はひじょうに偏っていて，それぞれの種が優占している場所は調査区内にパッチ状に散在している(図3も参照)。

　ランビル以外の地域でも，リュウノウジュ属の樹木の優占度はだいたい似たようなものである。これまでの文献から，マレー半島とスマトラ島のリュウノウジュ林，ボルネオ島サバ州のホソバリュウノウジュ林，そして，ボルネオ島西カリマンタン州(インドネシア)にある別種のリュウノウジュ*D. beccarii* 林での林冠優占度を計算したところ，いずれの森林でもリュウノウジュの林冠優占度は10〜30%程度であった。また，リュウノウジュの空間分布について，私たちの調査と比較しうる大きなスケールでの調査はみあたらないが，マレー半島とスマトラ島の例では，リュウノウジュはその地域の森林全体を優占しているわけではなく，優占林の面積は数ヘクタール以下のパッチに分かれていたと記述されている。リュウノウジュの林冠優占度は最大でも30%程度，そして優占林は広大な面積にわたって連続するのではなく，パッチ状に分かれて分布すると考えてよさそうである。

　こうみてくるとリュウノウジュ属の優占度は，コンネルとローマンが単一種優占林の条件とした，1種で林冠の50%以上を占める，という基準には達しないようである。それでも，ランビルのほかの林冠樹種に比べれば明らかに高い優占度をもっている。なんとも中途半端な存在である。ここでは，このようなリュウノウジュの林を，単一種優占林にはいたらない優占林という意味で，「擬優占林」とよび，擬優占林を形成する種であるリュウノウジュ2種を「擬優占種」とよぶことにする。

　さて，以上のようなランビルのリュウノウジュ2種の中途半端な優占度をみて，私のもった疑問は次の4つである。

　(1) なぜリュウノウジュとホソバリュウノウジュは擬優占種になれるのか？
　(2) なぜリュウノウジュとホソバリュウノウジュは調査区内に共存できるのか？
　(3) なぜリュウノウジュ擬優占林の面積は大きくならないのか？
　(4) なぜリュウノウジュの優占度は30%より大きくならないのか？

3. リュウノウジュの更新能力

　熱帯雨林の林冠構成種は，暗い林内ではあまり成長せず，稚樹のままで待機している。倒木などによって，林冠に疎開部（ギャップ）ができると，林床の光条件が好転する。すべての林冠樹種の稚樹は，こうしたギャップに何度か遭遇してようやく林冠層まで成長すると考えられている。したがって，ある樹種が林冠を優占するためには，この一連の更新過程のどこかの段階においてほかの種よりも格段に優れた能力をもっている必要がある。

　リュウノウジュの優占度が高くなる理由として，Whitmore（1984）は「生産圧（reproductive pressure）仮説」を唱えた。彼は，リュウノウジュは種子や稚樹を生産する能力において，ほかの林冠構成樹種よりも格段に優れていると考えた。リュウノウジュは，(1)開花・結実の頻度が高いためより多くの種子を生産する，(2)実生や稚樹の耐陰性が高く，暗い林床でも長期間生存できる，(3)林床の光条件がよくなったときに稚樹がすばやく反応する，と予測した。その結果，林内には，ほかの樹種よりも多くのリュウノウジュ稚樹が存在するようになる。そうなれば，仮に稚樹が林冠に達するための能力がほかの種と同じでも，リュウノウジュが林冠まで達する確率はほかの種よりも高くなる，というわけである。果たして，ウィットモアの予測は，ランビルのリュウノウジュとホソバリュウノウジュにもあてはまるだろうか。

　東南アジアの熱帯雨林は，一斉開花現象とよばれる特殊な生産パターンをもっている。これは，数年から十数年くらいの不規則な間隔で，森林を構成するほとんどの種がいっせいに開花，結実するというものである。しかし，現実には，一斉開花のときにすべての種や個体が開花し，そのほかの年にはまったく開花しない，というような単純なものではないことがわかっている。一斉開花といっても，年によって開花する種の数や個体の数はさまざまであるし，一斉開花でない時期にも開花している種や個体はいくらか存在する。それでも，一斉開花のときには，ふだんから開花している種も含めて，ひじょうに多くの種が同時に大量に開花するため，ほかの時期とは明らかに区別できる。

ランビルでは，1990〜1998年の9年間に2回一斉開花がみられた。2回といっても，それぞれがただ1つの明らかな開花ピークをもっていたわけではない。1回目は90〜92年にかけて，2回目は96〜98年にかけて，それぞれの期間中に2，3回の開花ピークがあった。どのピークに最大の開花があるかは種によって，あるいはランビルのなかでも場所によって違っているようであった。

 ほとんどの林冠樹種では，この一斉開花の年にしか結実がみられなかった。一方，リュウノウジュでは，結実している個体がまったく観察できなかったのは95年のみ，ホソバリュウノウジュでは94年と95年の2年のみであった。ただし，大量に開花，結実した時期は，2種ともに一斉開花と一致していて，そのほかの年では結実個体数や結実量は極端に少なかった。それでも，私自身の観察では，林冠木でリュウノウジュほど頻繁に結実する樹種はランビルではほかにみあたらなかった。どうやら，ウィットモアが予測した，リュウノウジュの高い開花，結実頻度は，ランビルの2種にもあてはまるようである。

 つぎに，稚樹の耐陰性が高いかどうか検討するために，発芽した2種のリュウノウジュの種子にマーキングを行ない，稚樹の死亡過程を約7年間調べてみた。ここでの問題は，他種と比較してリュウノウジュ稚樹の耐陰性が高いといえるかどうかである。残念ながら，東南アジア熱帯雨林で林冠樹種の稚樹の生存過程を発芽時点から長期にわたって調査した例はあまり多くない。図2には，2種のリュウノウジュの生存曲線とともに，ランビル，マレー半島，ボルネオ島のサバ州で調べられた別のフタバガキ科9種の生存曲線を比較のために載せてある。種間の比較を可能にするため，それぞれの種の生存曲線は，稚樹の寿命がワイブル分布*に従うと仮定して求めてある。

 リュウノウジュとホソバリュウノウジュの特徴は，はじめ1年間の生存率

---

*機械の故障率が時間の経過につれてどう変化するかにもとづいて，ワイブル(W. Weibull)が導きだした連続型確率分布。ワイブル分布は，故障率の変化のしかたによって，つぎの3つの場合を表現できる。(1)故障率は時間に関係なく一定，(2)故障率は時間とともに単調に増加，(3)故障率は時間とともに単調に減少。機械が故障するまでの時間以外に，生物の寿命の分布ともよく合うことが知られている。生態学では，同じ時期に生まれた生物集団(コホート)の個体数が時間とともにどう減少していくかを解析するときにしばしば使われる。

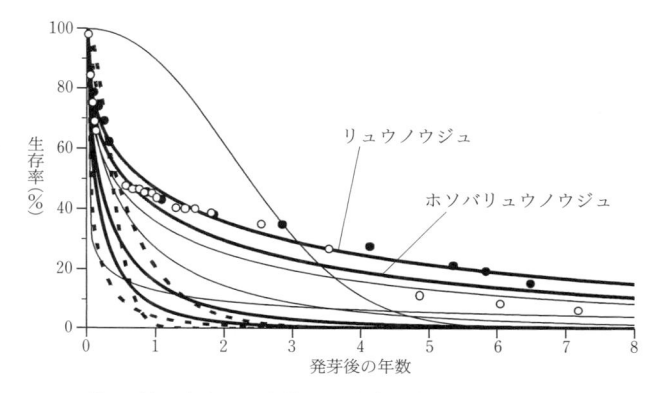

図2 フタバガキ科11種の実生の発芽後の生存率の変化。リュウノウジュ（●）とホソバリュウノウジュ（○）のみ実測データを示してある。ほかの9種は近似した生存曲線のみ示した。太線はランビル(Itoh et al., 1995)，細線はサバ州(Liew and Wong, 1973)，点線はマレー半島(Turner, 1990)のデータより計算した。

がかなり高く，その後の生存率も比較的高い点にあるといえよう。その結果，3年目までの生存率は，初期死亡率の低い *Shorea ovalis* について，リュウノウジュ2種が2位と3位，3年目以降8年目までの生存率はリュウノウジュが1位と2位になると予測される。つまり，結実間隔が3年から8年のあいだであって，種子生産数がすべての種で同じであるならば，林内にはリュウノウジュ2種の稚樹がほかの種よりも多く蓄積されていくことになる。もちろん，すべての種の種子生産数が同じであるという仮定は現実的でないし，また，11種だけの比較だけから，リュウノウジュ2種の耐陰性が特別に高いと結論するのは無理がある。しかし，少なくともリュウノウジュ2種の稚樹がフタバガキ科のなかでも耐陰性の高いグループにはいることは間違いなさそうである。

　ギャップに対する稚樹の反応については，残念ながら多くの林冠樹種間で比較しうるデータがない。リュウノウジュ2種の稚樹はともに，暗い林床よりも光条件のよいギャップ内で速く成長することがわかっている(Itoh et al., 1995)。また，2種の稚樹の初期成長に最適の光強度が相対照度30％程度で，それより暗くても明るくても成長が悪くなることも実験で確かめられた。しかし，これらの性質はほとんどすべての林冠樹種の稚樹にあてはまる

ことである．リュウノウジュのギャップに対する反応が特別によいかどうかを知るには，ほかの多くの種で同様のデータを取って定量的に比較してみなければならない．ただ，これまでにえられた造林試験などのデータから考えると，光条件のよい場所でのリュウノウジュ2種の成長は，フタバガキ科のなかでもかなり速い部類にはいるようである．

　このようにみてくると，ウィットモアの「生産圧仮説」は，どうやらランビルでも支持されそうである．それにしても，東南アジア熱帯雨林の開花，結実頻度，種子生産量，稚樹の死亡と成長過程についてのデータ蓄積量は，定量的な種間比較ができる状態からはほど遠い．こうした基礎的なデータの収集も，今後，継続的に行なうべききわめて重要な仕事である．

4．近縁種の共存に果たす土壌と地形の役割

　前節では，リュウノウジュとホソバリュウノウジュが，種子生産から稚樹生存の段階で，擬優占種となるための共通の優れた特徴をもっていることを述べた．ここでは，こうしたよく似た更新特性をもつ近縁の2種が，いったいどのようにしてランビルの森で共存しているのかについて考えてみよう．

　図3に示した2種の空間分布をみていただきたい．調査区のなかの2種の分布はまったく重なりあっていない．つまり，リュウノウジュとホソバリュウノウジュは空間的にすみ分けることで共存しているらしいことが，分布図から容易に想像できる．問題は，どのようにして2種がすみ分けているのか，つまり，2種の分布を決めている要因は何かということになる．そこで，それぞれの種が特定の環境条件に対応して分布していると予測して，2種の分布と地形，土壌条件との関係を解析した．

　52 haの調査区を20 m四方の方形区に分割し，それぞれの方形区について2種の本数(直径1 cm以上の個体)と胸高断面積合計(高さ1.3 mでの幹の断面積の合計)，そして地形と土壌の条件を表わす指数を計算した．土壌の指数には，表層10 cmの土壌の土質(砂，粘土，シルトの含有比率で表わす)を用いた．この土壌指数の計測はエール大学のピーター・パルミオット博士が行なったものである．地形の指数には山倉博士らが考案した，標高の

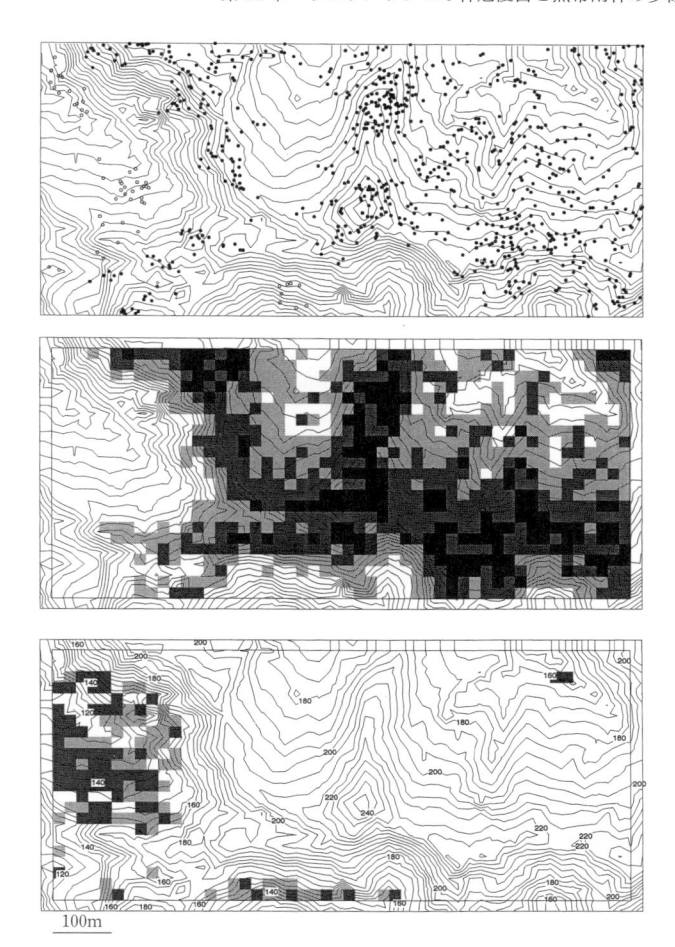

第11章 リュウノウジュの林冠優占と熱帯雨林の多様性　155

図3　大面積調査区における胸高直径10 cm以上のリュウノウジュ(●)とホソバリュウノ
ウジュ(○)の実際の分布(上)と地形および土壌条件から予測されるリュウノウジュ(中)
とホソバリュウノウジュ(下)の平均断面積合計の空間分布。断面積合計の予測は数量化
Ⅰ類で行なった(詳しくは本文参照)。色の濃い場所ほど断面積が大きい。実線は等高線。
なお，調査区の一番外側20 mは予測値が計算されていない。

メッシュデータから地形指数を計算する方法(Yamakura et al., 1995)を用
いた。方形区の四角の標高データから近似平面を求め，その平面から平均標
高，傾斜角度，傾斜方位を決める。また，彼らは地表面の局所的な凹凸度を
表わす「凹凸度指数」を考案した。これは，対象とする方形区の平均標高が

周囲の平均標高よりどれだけ高いか，あるいは低いかから計算するもので，その場所の局所的な凹凸度つまり，尾根型地形か谷型地形かを数字で表現できるようにくふうされている。こうして計算された地形指数から，標高，傾斜，凹凸度の3つを使った。それぞれの指数は，値の大きさによって4〜5段階のカテゴリーに分け，どの指数がリュウノウジュとホソバリュウノウジュの本数や断面積合計と関係しているのかを多変量解析の手法である数量化I類を用いて解析した。なお，解析にあたっては，本数と断面積合計の値を対数変換している。

その結果，リュウノウジュの分布に有意に関係のあるのは，標高，凹凸度，傾斜，土質であり，ホソバリュウノウジュの分布には，標高と土質が関係していることがわかった。リュウノウジュが多いのは，標高が高く，凸型地形で砂質土壌の場所であり，さらに，小さい個体の密度は急傾斜地ほど高くなっていた。一方，ホソバリュウノウジュの方は，標高が低く，粘土質の土壌の場所に分布が偏っていた。これらの土壌と地形の指数によって，方形区毎の本数と断面積合計のばらつきの20〜30%が説明できた。樹木の空間分布を決める要因が，種子の分散やほかの種との競争など，地形や土壌以外にも数多くあることを考えると，分布の20〜30%が地形と土壌のみから予測できるというのは，この2つの条件の影響がかなり強力なものであることを示唆する。

図3には，地形と土壌の指数から予測される2種の断面積合計の分布を示してある。この図から，2種の分布が重ならないことを地形と土壌のみから説明することができることがわかる。つまり，リュウノウジュとホソバリュウノウジュは互いに違った地形，土壌に生育適地をもつため，互いのハビタットが異なり，空間的にすみ分けることで調査区内に共存していると考えられる。

さらに，図3からは，それぞれの種の最適ハビタットが限られた範囲にしかなく，空間的に不連続でパッチ状に分布していることがみてとれる。つまり，3番目の疑問，なぜリュウノウジュの擬優占林の面積はあまり大きくならないか，の答えとしても，2種のもつ地形と土壌条件に対する強い志向性が大きく関係している可能性が高い。おそらく，ランビル以外の地域でも，好適ハビタットの空間構造がリュウノウジュ擬優占林の大きさと分布を規定

しているのではないだろうか。

　リュウノウジュのように土壌や地形が個体の分布と関係している例は，近年，ほかの樹種や別の地域の熱帯雨林でも報告されるようになってきた。ランビルでは，先駆種であるオオバギ属 *Macaranga*，林冠木のフネミノキ属 *Scaphium* やサラノキ属 *Shorea*，低木の *Goniothalamus* 属などの近縁種間で地形や土壌にもとづくすみ分けが認められることがわかってきた(Davies et al., 1998；Yamada et al., 1997 など)。また，マレー半島や南米コスタリカなどでも同様の現象が報告されている(Clark et al., 1998 など)。

　これまで，熱帯雨林での地形や土壌の影響は，ある地域全体の森林構造や種の分布など，かなり大きな空間スケールの問題にとって重要であると考えられてきた。しかし，実際には，これまで考えられていたよりもずっと小さい空間スケール(数十〜数百ヘクタール程度)においても，熱帯雨林樹種の分布に，地形や土壌の微妙な違いが影響しているらしいことがわかりつつある。

　では，土壌や地形はどのようにして樹種の分布を規定しているのであろうか。残念ながら，今のところこの問題に明確に答えている研究はほとんどないようである。リュウノウジュ属では，おおざっぱにいえば，リュウノウジュの分布している場所は土壌中の養分が少なくて乾燥しやすく，ホソバリュウノウジュの分布している場所は土壌が肥沃でつねに湿潤である。これまでの実験から，土壌の乾燥がホソバリュウノウジュの実生の定着段階で致命的なダメージをあたえることがわかっている(Itoh, 1995)。ホソバリュウノウジュが乾燥しやすい場所に分布しないのは，実生の定着に問題があるからかもしれない。しかし，リュウノウジュの実生は，ホソバリュウノウジュが分布しているような場所でもよく定着できる。なぜリュウノウジュが貧栄養で乾燥する場所にしか分布しないのか，今のところまったくわからない。地形や土壌が，どのような過程をへて熱帯雨林樹木の分布に影響を与えるのかを明らかにすることは今後に残された大きな課題の1つである。

5．優占種になりきれない理由

　さて，最後の疑問，最適なハビタットにおいても2種のリュウノウジュの

優占度が30％より大きくならないのはなぜだろうか。この問題は，リュウノウジュのように優れた更新能力をもつ樹種が，どのようにしてほかの林冠樹種と共存しているのかを問うことであり，熱帯雨林の林冠種の多様性がどのようにして維持されているかに直接関係する問題である。これは熱帯林生態学におけるもっとも重要な課題であり，これまでに多くの仮説が提案されてきたが，いまだに決着のついていない問題である。ランビルのリュウノウジュとホソバリュウノウジュの場合も，今のところ明確な回答を示すことはできない。

熱帯雨林で特定の種だけが優占できない理由として，ジャンツェンとコンネルはつぎのような仮説を提案した(Janzen, 1970；Connell, 1971)。熱帯雨林には，ある特定の樹種の種子や稚樹だけを専門に食べる昆虫や動物が多い。その樹種の密度が高い場所や親木の近くは，こうした昆虫や動物のターゲットになりやすく，種子や稚樹の死亡率が高くなる。そのため，ある樹種の親木の近くには，その種の個体は更新しにくくなり，次世代には別の種にとってかわられる。こうして森のなかの同じ場所は，時間とともにつぎつぎと種がいれかわり，熱帯雨林の多様性は保たれる。この現象は密度の高い種で顕著にみられるはずなので，特定の種が森林全体を優占することを阻止する。最近の研究では，パナマの熱帯雨林を構成する樹種の半数以上でこのような密度依存的な死亡が起きている可能性が示されている(Wills and Condit, 1997)。

そこで，リュウノウジュの死亡率がどんな場所で高いのかを知るために，散布される種子の密度と現在ある稚樹の密度の関係をみてみた。まず，種子密度を推定するため，52 ha調査区を50 m四方の方形区に分け，それぞれの方形区にどれだけの種子が散布されるかを計算した。この計算には，親木の大きさと種子生産量および種子散布距離の関係を用いた。稚樹の密度は，各方形区に含まれる直径1〜2 cmの個体数とした。こうしてえられた種子と稚樹の密度が，リュウノウジュの胸高断面積合計とどんな関係にあるかを示したのが図4である。断面積合計が大きいということは大径木が多いわけだから，当然，断面積の増加につれて種子密度は大きくなる。しかし稚樹密度のほうは，断面積合計が0.1 m²を越えるとほぼ一定になってしまう。こ

第 11 章　リュウノウジュの林冠優占と熱帯雨林の多様性　159

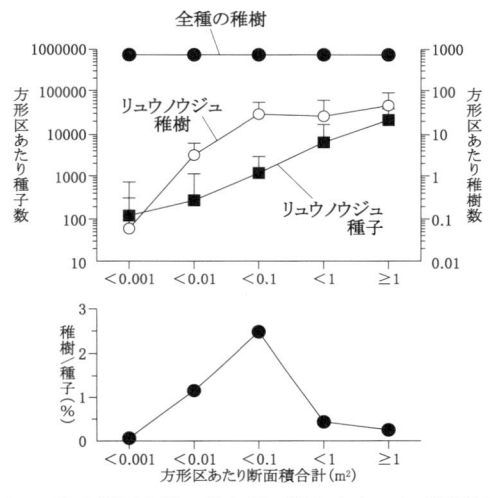

図 4　リュウノウジュの胸高断面合計と推定種子散布密度および稚樹密度（胸高直径 1〜2 cm の個体）の関係（上）。種子散布密度は現在の全成木（胸高直径 30 cm 以上の個体）から散布される種子数を種子分散曲線をつかって推定したもの。方形区の大きさはすべて 50 m 四方。すべての樹種の稚樹密度も示してある。下の図は、リュウノウジュの推定種子散布密度に対する稚樹密度の比を％で表わしたもの。

れは、直径 30 cm くらいの成熟個体が区画内に数本あるくらいにあたる。つまり、リュウノウジュの大木が多い場所では、種子の供給量から予測されるほどにはリュウノウジュの稚樹数が多くないのである。一方、すべての樹種の稚樹密度は、リュウノウジュの断面積合計とは無関係にほぼ一定で、断面積の影響はリュウノウジュの稚樹にだけ生じているように思える。リュウノウジュが多い場所では、なんらかの理由で種子から稚樹のあいだの死亡率が高くなり、ある程度以上にはリュウノウジュの個体数が増えないようである。

　密度の高い場所ほど死亡率が高いのであれば、種子に対する稚樹の割合は、断面積合計のもっとも小さい場所で最大になるはずである。しかし、実際にはそうなっていない。断面積合計のひじょうに小さい場所では、種子に対する稚樹の割合も小さくなってしまっている（図 4）。これは、先に述べたようにリュウノウジュが特定の地形、土壌にしか生育できないことと関係していると考えている。断面積合計の小さい場所というのは、リュウノウジュの生

育にあまり適していない場所であり，たとえ種子が散布されても，多くの場合は稚樹になる前に死亡してしまうのであろう．しかし，これはリュウノウジュの優占度がある程度以上に大きくならないこととは直接関係のない問題である．

　断面積合計の大きい場所での話にもどろう．断面積合計の大きい場所で稚樹の死亡率が高くなるのはなぜだろう．図5は，ホソバリュウノウジュの稚樹の死亡率ともっとも近い成熟個体からの距離の関係をみたものである．稚樹の死亡率は成熟個体から離れるほど減少する．逆にいえば，親木の近くでは稚樹の死亡率が高くなることになる．成熟個体の数が増えれば，稚樹の死亡率の高くなる場所の面積も増え，全体として稚樹の死亡率が高くなると考えられる．ただし，親木の近くでの稚樹の死亡が，ジャンツェンやコンネルのいうように，2種のリュウノウジュそれぞれに特化した昆虫や動物によるものなのかどうか，今のところはっきりしていない．今後，さまざまな条件での両種の種子と稚樹の死亡過程と死亡要因をきっちりと調べることで確かめていかなければならない．さらに，こうした密度依存的な死亡要因が，ランビルの森でどの程度重要なのか，ほかの樹種も含めて検討していく必要がある．

　本章では，リュウノウジュ属の優占度の問題に焦点をしぼって，熱帯雨林の多様性について考えてみた．もちろん，熱帯雨林の多様性を考えるときの

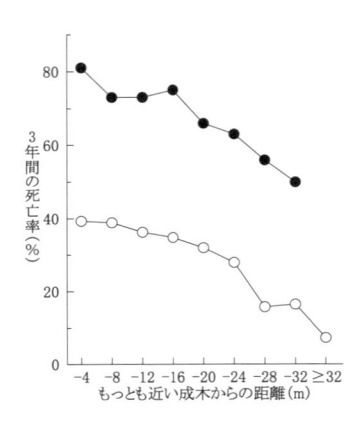

図5　ホソバリュウノウジュ稚樹の3年間の死亡率ともっとも近い成木(胸高直径30 cm以上の個体)からの距離の関係．●：観察開始時点で年齢2年未満の若い稚樹($n=4477$)，○：年齢2年以上で胸高直径1 cm未満の稚樹($n=2298$)

視点にはさまざまなものがあり，ここで取りあげたのは，そのごく一部にすぎない。はじめに「搦め手からせまる」と書いたように，視点としては，むしろ正道ではないのかもしれない。

　リュウノウジュ属のような個体数の多い種の研究は比較的簡単である。熱帯雨林の最大の特徴でもある個体数のきわめて少ない種では，データを集めることすら容易ではない。しかし，そうしたまれな種と比べてみないことには，リュウノウジュの本当の姿はみえてこないのかもしれないと近ごろは考えている。熱帯雨林の多様性に迫るには，まれな種の研究にも手を広げなければならないだろう。

第IV部

生態系としての森林

森の木々は土壌から水と養分を吸いあげ，大気中からは二酸化炭素を吸いこみ，太陽光線をエネルギー源として利用してそのからだをつくりあげている。つくられた枝や葉は林冠部を構成する。ここは昆虫や鳥などさまざまな動物たちの活躍する舞台である。春先，まだ柔らかい木の葉を食うチョウやガの幼虫の種類はきわめて多い。またこれを食うアリやそのほかの昆虫，そして鳥たちがいる。こういった食う‐食われるの関係はあまりにも複雑であることが多いために，今まで，定量的に扱われることが少なかった。村上正志は森全体に金網をかけ，大きな鳥かごにしてしまうという壮大な実験を計画し，チョウやガの幼虫と鳥との相互関係を明らかにしてみせた(第12章)。葉や枝は古くなると落葉・落枝として土壌に落とされる。土壌にすむ動物や微生物は落葉・落枝を餌とし，消費・分解する。分解され，無機物に戻った物質はふたたび樹木の根から吸いあげられる。これが森林生態系の物質循環のプロセスである。外部からの物質の流入，外部への流出もある。流入は雨としてもたらされるが，大気中から樹木や土壌に取りこまれることもある。動物が運んでくる場合もある。流出は土壌水に溶けこんだり，水によって直接運ばれることによって川に流れこみ，下流へ流される。このような物質の動きのドラマの舞台は森林土壌であり，主役は水である。森林土壌中の物質の動きは第13章に柴田英昭によって解説されている。森から流れだした水は川となり，魚や水生昆虫の活躍する舞台となる。舞台としての川の構造は井上幹生により手ぎわよく解説されている(第14章)。実際，森は川にずいぶん大きな影響を与えている。河畔林から直接川に落ちこむ陸上昆虫の量はずいぶん多く，川の魚の重要な餌資源となっている。森の落葉は川に流れこみ，水生昆虫の重要な餌となり，ひいてはやはり魚に影響を与えている。河畔林のカバーは川の水温をうまく調節しており，カバーのない川には暑さに弱いサケ科の魚類はすめなくなってしまう。倒れた木が川に淀みをつくり，生物のすみ場所になる。こういった事例は，佐藤弘和によって紹介されている(第15章)。

第*12*章 春の広葉樹林における植物−昆虫−鳥の三者関係

北海道大学・村上正志

1. 春の雑木林で

　春，雑木林の広葉樹はその葉をいっせいに展開する(Kikuzawa,1983；Murakami, 1998)。チョウ目の幼虫(植食者)は冬の眠りから覚め，いきいきとした若葉を旺盛に食べている。鳥たちにとっても，春は子育ての季節である。キビタキやシジュウカラといった昆虫食性の鳥類(図1)にとって，チョ

図1　苫小牧演習林の優占鳥種5種(キビタキ・センダイムシクイは『野鳥の図鑑』薮内正幸作，福音館書店，1978より；ゴジュウカラ・シジュウカラ・ハシブトガラは箕輪義隆氏原図)

ウ目の幼虫は願ってもない餌である。生き物のあいだのこのような食う‐食われるの関係は生態系の基本構造である。生き物にとってはいかに効率よく餌（動物にとっては植物またはほかの動物，植物にとっては光や水あるいはそのほかの栄養）を利用するか，そして，いかに敵（捕食者）から身を守るかがもっとも重要な命題であるといえるだろう。木々はその葉を食われるのを黙って眺めているているわけではない。落葉広葉樹の芽吹き直後のみずみずしかった葉は，1カ月もすれば「テカテカ」と乾いた硬い葉にかわる。チョウ目の幼虫もよりよい餌を求めて移動したり，葉を巻いて隠れ家をつくったりと忙しい。鳥たちもそれぞれ種によって得意とする採餌の方法が異なり，森のなかで餌を捕る場所が異なる。森の生き物それぞれが時間によって，場所によって異なった側面をみせるため，そのあいだの関係も単純にはいかない。本章では，春の雑木林で繰り広げられている生き物たちの複雑な相互作用系を解きほぐし，彼らのあいだに成立しているさまざまな「関係」を示してみる。

2. 樹から虫，鳥へ

　6月中旬，樹々がすっかりその葉を展開し終えたころ，北海道大学苫小牧演習林の森のなかを歩いていると，この森で数多くみられるキビタキの不可思議な行動を目にする。本来，森の林冠部で生活し，梢でチョウ目の幼虫などの昆虫を捕っているはずのこの鳥が*，林床近くの高さ1mにも満たない稚樹や草本についているチョウ目の幼虫をさかんに捕っているのだ。それでもこの鳥本来の餌の捕り方，止まり木から飛びたち葉の裏についている虫を飛びながらついばむやり方（Sally）はかえていないのだけれども。筆者はこの行動を植物‐植食性昆虫‐鳥との三者の関係のなかで探ろうと研究を始めた。
　鳥の採餌行動あるいは群集構造に対して植物の与える影響は，植物の構造

---

*キビタキは英名でNarcissus flycatcherであり，本来，ハエなどの飛んでいる虫に飛びつく採餌法を用いるが，苫小牧ではこの方法はほとんど用いない。理由は不明である。

自体の直接の影響と，植食者を介した間接の影響の2つの経路が考えられる。空間構造としての植物の重要性については，Lack(1971)による林冠部における鳥の種による採餌部位の違いに関する研究，あるいは，MacArthur and MacArthur(1961)による森林の三次元構造と鳥類群集の多様性の関係に関する研究などにより，かなりくわしく調べられている。また，森林の鳥類群集において餌となる昆虫の分布様式が群集構造，あるいは，採餌行動に大きくかかわるという例も示されている(Holmes and Schultz, 1988)。これらを組み合せて，植物の植食者を介した鳥への間接の影響を考慮することにより，これら生き物のあいだの複雑な関係がみえてくる(Marquis, 1996)。

植物から植食者へ

　植物はさまざまな方法でその葉を植食者から守っている。それらは化学的な防御，物理的な防御，時間的な逃避などいろいろに分類される(大串，1993)が，樹木はこれらの方法をさまざまに組み合せて用いている。苫小牧の森において主要な樹種であるミズナラは例年5月中旬に芽吹く。芽吹き直後，「新緑」の葉は柔らかく水分をたっぷり含んでいる。また，動物の栄養源として重要な窒素も多く含んでおり，逆に植食者の消化を妨げ成長を阻害するタンニンは少ない。しかし，約1カ月のうちに，葉は硬くなり水分含有量も少なくなる。葉の硬さは幼虫の摂食を物理的に阻害(物理的な防御)し，水の不足は成長を阻害する。さらにこの時期の葉は栄養(窒素)に乏しく，タンニンを多く含んでいるため(化学的な防御)，虫にとって利用価値は低い。チョウ目の幼虫は良質な餌の提供されるこの約1カ月にも満たない短い期間(phenological window*)に，その幼虫期を終えなければならないのだ。

　幼虫の期間も約1カ月であるため，phenological windowと幼虫期の同調はきわめて重要な問題である。母樹の芽吹き前に卵から孵ってしまうと餌にありつけないが，孵化が遅れると今度は幼虫期の後半に餌がなくなってしまう。さらに植物の芽吹きは年によって大きく変動しまったく予測できない。

---

*餌の質，天敵の存在などいろいろな要因により生物の生活は脅かされているが，生活にとって好適なごく短い期間に合せて，繁殖や摂食を行なっている生物が多くみられる。このような短い期間(窓のようなもの)をphenological windowとよぶ。

苫小牧のミズナラでも，1996年には5月10日ごろ芽吹いたのに対し，1997年は6月にはいってやっと芽吹いた。じつに半月以上のゆらぎである。この時間的な逃避が温帯の広葉樹林における植物と植食者との関係においてひじょうに重要であると考えられる。植物の芽吹き，昆虫の休眠打破の時期は，ともにある温度以上の積算温度(温度×日数)によって決まっている(Dewar and Watt, 1992)。しかし，植物と昆虫とではそのメカニズムが異なるため，昆虫がその出現時期を完全に芽吹きのタイミングに合せることは困難であろう。毎年生じるこの「ずれ」が植食者の運命に大きくかかわるのである。

実際にミズナラの高さ約15 mの林冠部に登り虫を採ってみると，植食性の昆虫(おもにチョウ目の幼虫)は，この芽吹き後1カ月の期間に集中して採集される(図2：Murakami, 1998)。ガの幼虫の多くは落葉の下で蛹になるため，芽吹きの後1カ月のころに自ら吐いた糸にぶら下がってさかんに林床に降りてくる。もし，すべての幼虫が林冠で成長を終えているならば，これらの幼虫はすべて成熟(すぐに蛹になれる)幼虫のはずである。しかし，落下してくる幼虫を採集するとその半分近く(47%)が未成熟な幼虫であった(Murakami and Wada, 1997)。これらの幼虫は phenological window が開いているあいだにその成熟をとげられなかったのである。林冠の葉が硬さやタンニンの蓄積といった防御を強化することによって林冠から追いだされてしまったのだ。これらの幼虫は林床で死に絶えてしまうのだろうか。

林床にはミズナラの林冠木が落とした「ドングリ」からの芽生え(実生)が

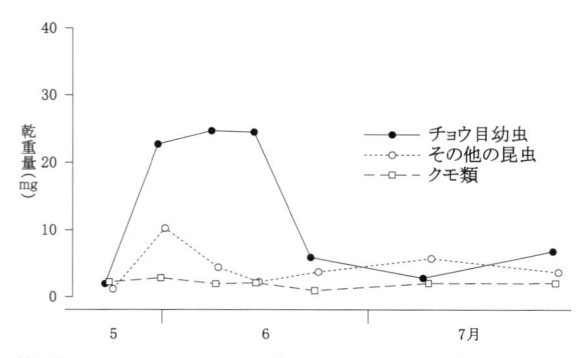

図2 ミズナラ林冠部におけるビーティングによりえられた昆虫の乾燥重量の季節変化
(Murakami, 1998 より)

数多くみられる。林冠と林床ではその環境がまったく異なる。何の遮るものもない林冠にあたる光に対して，林冠に遮光された林床にまで達するのはその4％程度にすぎない。そのため実生の葉の質は，林冠に達した樹の葉と異なっている。6月中旬の実生の葉は，芽吹き直後の林冠木の葉の質に近い。植物の必要とする主要な成分は炭素と窒素である。ほとんどの植物は空中の窒素を固定することはできないので，土壌中に存在する窒素を根から取りこんで利用する。一方，炭素は光合成により空気中から取りこむ。林床では光が不足するために光合成の効率が悪く，ミズナラの実生にとっては炭素が不足する。また，弱い光を効率的に利用するために葉は薄い。そのため葉を十分に硬くすることができず，また炭素をおもな原料とするタンニンを十分に生成することができず葉の防御が手薄になるのであろう。一般に，光の不足する環境においては相対的に窒素が余剰となるために，窒素を原料としたアルカロイドなどの動物にとって「毒性」のある物質によって葉を守ることが知られているが，ミズナラからはそのような物質の存在は知られていない。ミズナラの芽吹きの1週間後に孵化したホシオビキリガの幼虫（芽吹き直後のミズナラにおける普通種）を実験的に林冠の葉で育てると，葉の硬化にともない6月下旬にはすべてが死ぬのに対し，6月中旬から実生の葉を与えると多くの幼虫は蛹になることができることが確かめられている（Murakami and Wada, 1997）。しかし，実生の葉は面積あたりで林冠の葉の0.1％にも満たない。質がよいからといって最初から実生の葉に頼るわけにはいかないのである。林冠での成長に失敗したとき，しかたなく林床に降り実生の葉を食べて生きのびるというところだろう。一方，ミズナラの実生にとっては林冠から落ちてくるチョウ目の幼虫は重大な問題である。これらによる食害によりミズナラの実生の分布様式が影響をうけることを和田が第8章で詳しく説明している。

　苫小牧の森にある樹種の多くがミズナラと同様の芽吹きのパターンを有している。したがって，植食者にとって森のなかでの資源の分布は時間的にも空間的にも大きく変化し，植物の質の変化にともない，植食者であるチョウ目幼虫の分布場所が林冠から林床へと大きく変化するのである。

植食者から鳥へ

苫小牧において5月から6月のあいだの昆虫食性の鳥類(ここではシジュウカラ,ハシブトガラ,キビタキ,センダイムシクイが優占種である)の餌の約70%はチョウ目の幼虫である。これらの鳥は5月から6月中旬には林冠でチョウ目幼虫をさかんに利用していた。ところが,先に述べたようにキビタキは6月下旬には林床で採餌し,チョウ目の幼虫を利用するようになる。一方,シジュウカラ・ハシブトガラ・センダイムシクイは6月下旬になっても梢で採餌を続け,キビタキが採餌場所をかえたのに対し,餌をチョウ目幼虫から,コガネムシ(コウチュウ目)やハエ(ハエ目)にかえることによって森のなかでの餌の分布様式の変化に対応していた。これらの鳥は「枝にとまってついばむ」方法で採餌するため,より小さな餌を丹念にみつけることができ,キビタキは飛びついて捕るその採餌法のためにチョウ目幼虫を求めて林床にまで降りていくのであろう。一方,樹の幹で採餌するゴジュウカラのおもな餌はアリなどの昆虫であり,その採餌行動はチョウ目幼虫の分布変化の影響はうけないと考えていた。ところが,このゴジュウカラは,4月に木々が芽吹く前に思いがけない採餌方法を用いていた。冬のあいだ,多くの種が樹の幹で冬眠している昆虫やクモ類を利用するため,4月にもなると幹の上の餌はひじょうに少なくなる。するとゴジュウカラは梢の上に群れ飛んでいるユスリカやトビケラをフライキャッチして捕っていたのである。森のなかでの資源(昆虫など)の分布様式は刻一刻と変化している。一方,それぞれの鳥にはそれぞれ「得意」とする採餌法がある。鳥は,さまざまな場所に潜んでいる餌(昆虫)を,それぞれの「身のこなし」でより効率的に捕ることのできる餌を選んで利用しているのだ。

もちろん,同じ餌資源を利用している鳥どうしは強い競争関係にあるだろう。たとえばAlatalo and Moreno (1987)は採餌場所をめぐる競争において優位種であるヒガラ *Parus ater* をカスミ網によって捕獲し排除することにより,劣位種であるカンムリガラ *P. cristatus* の採餌場所の変化がみられることを確かめている。鳥類の採餌場所,さらには鳥類の群集構造を決める要因を明らかにするには,今後さらに餌の分布様式と鳥どうしの競争といった複数の要因の関係を明らかにしていく必要があるだろう。

3. 鳥の側から

　これまでは植物がその葉を防御する機構が森林生態系の生物間相互作用に影響するようすをみてきた。ここからは逆に鳥が昆虫さらには植物に与える影響を示す。植物は鳥が植食者を取り除くことによって食害を免れることができるはずである。また多くの植食者, とくにチョウ目の幼虫がさまざまな擬態によって身を隠していることからも, これらの虫に対する鳥の捕食の影響が予想される(Timbergen, 1958)。これまでも, いくつかの研究において森林において鳥類が植食者の密度を下げ, 植物の食害を防いでいる例が示されている。たとえば, Holmes et al.(1979)はカエデの低木種 *Acer Californiana* を網でおおい鳥の侵入を阻むことにより, 鳥による捕食がチョウ目の幼虫さらには植物に与える影響を確かめている。しかし, 森林全体を操作する実験はこれまで行なわれていない。そのうえ鳥の採餌方法はひじょうに多様である。「昆虫食性鳥類」とひとまとめにされるギルド(guild)のなかでも, キビタキのように葉についた虫に飛びついて採餌する鳥(Sally), シジュウカラのような葉についた虫をついばみ捕る鳥(Leaf Gleaner), ゴジュウカラのような幹や枝についた虫をつまみ捕る鳥(Trunk Gleaner)などさまざまである。採餌方法が違えば利用される昆虫も異なり, その森林内での役割が異なると予想される。

林冠エンクロージャー実験

　我々は苫小牧演習林の高さ9mの二次林に9基の巨大な鳥かご(林冠 enclosure)を建設し(写真1), そのなかにいれる鳥を操作することにより, 種による森のなかでの役割(生態機能)の違いを検証することにした。木々の芽吹き直後の5月下旬に, シジュウカラとゴジュウカラを1羽ずつ, それぞれ3つ, 合せて6つのエンクロージャーに放した。残りの3つのエンクロージャーには鳥をいれず, 鳥除去区とした。シジュウカラは梢で葉のあいだを歩きまわり, 葉っぱについた虫をついばみ捕る典型的な Leaf Gleaner, 一方, ゴジュウカラは木の幹を歩きまわり, どちらかといえばキツツキに近い

172 第IV部 生態系としての森林

写真1 林冠エンクロージャー(6月中旬撮影)

方法で餌を捕る Trunk Gleaner である（図1）。それぞれの鳥（操作）が下位の栄養段階の生物，捕食性昆虫（アリ），植食性昆虫（チョウ目幼虫），植物（ミズナラ）に与える影響を図3のように予想した。シジュウカラは葉群内で採餌するため，チョウ目幼虫を多く利用しその個体数を減らす。一方，樹の幹をつたって梢に登り，葉についた虫を利用しているアリに対してはシジュウカラの影響は少ない。アリはチョウ目幼虫を利用するため*，シジュウカラ区のミズナラでは，チョウ目幼虫の個体数はさらに少なくなる。したがって，ミズナラの食害率は小さいと考えられる（図3A）。鳥除去区では，チョウ目幼虫・アリはともに鳥の影響をうけない。チョウ目幼虫はアリの影響だけをうけ，その個体数は比較的多くミズナラの食害も相対的に大きい（図3C）。ゴジュウカラは樹幹でアリを利用し，チョウ目幼虫は利用しないと予想される。アリの個体数が減少するため，チョウ目幼虫の個体数は多く保たれる。結果，全体としてはゴジュウカラがチョウ目幼虫を捕食せず，アリのチョウ目幼虫に対する捕食も少なくなるため，その個体数は鳥がいない場合よりさらに多くなる。したがって，ミズナラの食害も小さいと予想される（図3B）。

林冠での鳥の役割

エンクロージャーに鳥を放すと，シジュウカラは梢で，ゴジュウカラは樹

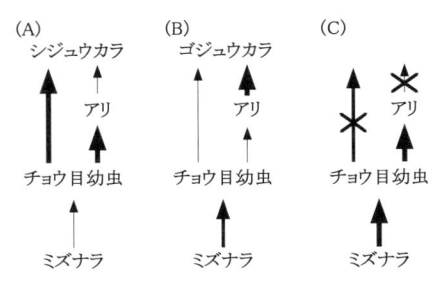

図3 昆虫食性鳥類 - 捕食性昆虫 - 植食性昆虫 - 植物間の食物網構造の模式図
(Murakami and Nakano, in press より)

*実験地において主要なアリはクロヤマアリ，およびムネアカオオアリであった。これらの種が林冠で昆虫を狩っているのを目撃している。

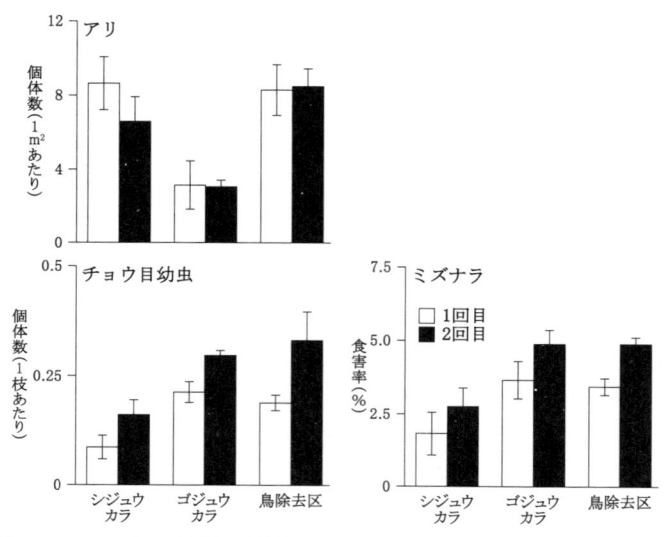

図4 林冠エンクロージャー実験の結果(Murakami and Nakano, in press より)。それぞれ、実験開始2週間、および7週間後の、林冠で採集されたチョウ目幼虫の個体数、樹幹でのアリ、ミズナラの葉の食害率を示す。

の幹でさかんに採餌していた。それから約2カ月のあいだ鳥たちは元気に「籠のなか」で生活していた。実験開始後、3週目と7週目の各実験区における幹の上のアリ、葉の上のチョウ目幼虫の個体数、ミズナラの葉の食害率は図4のとおりである。アリの個体数はゴジュウカラ区で少なく、シジュウカラ区、鳥除去区では多かった。一方、チョウ目幼虫の個体数はシジュウカラ区でほかの2つの操作区よりも少なかった。ミズナラの食害率はチョウ目幼虫の個体数をそのまま反映し、シジュウカラ区で少なくなった。シジュウカラ区で鳥除去区よりもチョウ目幼虫の個体数、そして食害率が小さかったことから図3の予想が確かめられたといえる。しかし、ゴジュウカラ区では、鳥除去区よりもチョウ目幼虫の個体数、そして食害率がさらに多くなると予想したが、実際には鳥除去区と同様の結果になった。エンクロージャー内での鳥の観察の結果から、ゴジュウカラはときどき枝先まで登り葉についたチョウ目幼虫を採餌していることがわかっている。つまり、アリを減らすことにより増えるチョウ目幼虫の個体数と、直接食べることにより減少する数

が釣りあっているのである.予想とは少し違う結果であったが,これら2種の鳥が森林で果たしている役割が異なることが示された.森に生活する鳥はこの2種だけではない.これらの種がそれぞれさまざまな役割を森のなかで担っていることが予想される.我々はたくさんの種類の鳥が,あるいは「多様な生物」が生活していることによって豊かな(緑の)森が育まれているのだ,ということを示すことができればと思いながら研究を続けている.

4.もう一度,春の森で

森のなかは相互作用であふれている.本章で示したのはそのうちのほんのわずかでしかない.たとえば,苫小牧の低木層において優占種であるハシドイ上では,3種類のハマキガがそれぞれ異なった形の「葉巻」のなかに生活している(図5).私はこれらのうちもっともしっかりと葉を巻くハマキガ科の一種 *Homonopsis foederatana* だけが,おそらく鳥にとってみつけやすいために集中的に食べられることを確かめている.しかし,ヒメハマキの一種 *Archips viola* やハマキガの一種 *Zeiraphera corpulentana* は,ほとんど鳥に食べられない.ところが,葉をしっかり巻くことによって *H. foederatana* は,巻かれた葉を遮光し,葉が硬くなることを防いでいた(Murakami, 1999).*H. foederatana* は鳥からの捕食回避をあきらめるかわりに,植物の

H. foederatana　　*A. viola*　　*Z. orpulentana*

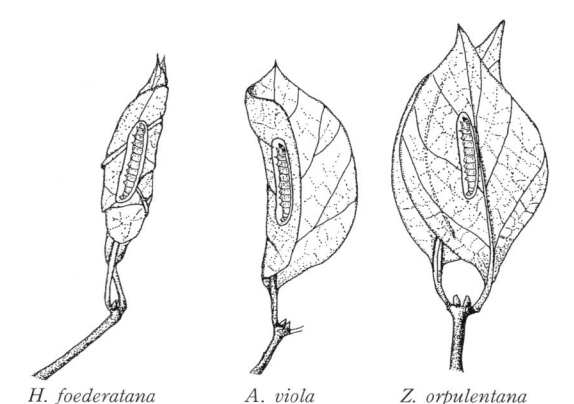

図5　ハシドイにおいてみられるハマキガ3種の「葉巻」の形(Murakami, 1999より)

防御に打ち勝っていたのである。

　このように登場「生物」が増えればその生物を食う，あるいはそれに食われる生物とのあいだに関係が生じる。さらに，本章で紹介したように，実際には，生物はこのような直接の関係のみならず，ある生物を食う生物，それをさらに食う生物のあいだ，あるいは同じ餌を食う生物のあいだといったように間接的にさらに多くの生物と関係しあっている。そのうえ，たとえば，植物の芽吹きといった場面では，1つの生物が時間的に異なった役割を演じることもふつうである。さらに，ここでの「時間的」ということには，季節と世代という2つの意味が含まれている。このように生物間の相互作用系はあまりに複雑で手におえない。森のなかにはまだまだ謎がいっぱいである。このように複雑な作用系を理解する唯一の方法は，複雑に絡みあったその糸を1本ずつ解きほぐしていく作業であろう。1つひとつの糸はたとえば「キビタキが林床で採餌した」，「ゴジュウカラがアリを食った」といったあたり前のことかもしれない。しかし，それを「数字」にし，繋ぎあわせることによって森のなかで起こっていることを明らかしていくことができるのではないだろうか。

第13章 森の土壌をめぐる物質動態

北海道大学・柴田英昭

1. 森林生態系の物質循環

　森のなかを歩いていると,樹木をはじめとしてさまざまな植物を観察することができる。足元に目をやると,そこには落葉や落枝によって形成された落葉層をみることができる。落葉層の下には黒々とした腐植土があって,さらに深くなるとより鉱質分に富んだ土壌が存在している。土壌は森林植生の根の生育空間として植物に養水分を供給しているだけでなく,物質の貯留・変換などをとおして土壌自らも変化し続けている。その土壌に根をのばしている森林植生は光合成による炭素固定と土壌からの養水分の吸収によって有機物を生産し,落葉・落枝として土壌表層へと養分を還元する。その還元された養分は土壌表層の分解者によって無機物へと変化し,その一部は再び植物によって利用されている。このような土壌と植生のあいだで物質がゆききしている循環系を内部循環(internal cycling)とよんでいる。これらの循環系は生物地球化学的循環(biogeochemical cycling)ともよばれ,森林生態系の持続的な生産を支えている自然の巧みなリサイクルシステムなのである。土壌における物質の動きはこの土壌-植生系をめぐる内部循環系の影響とともに,生態系外との物質の入出力のような外部循環系(external cycling)にも影響されている。たとえば,光合成による炭素固定や雨や雪による湿性降下物,ガスやエアロゾルによる乾性降下物などは森林生態系への重要な物質

供給源である。大気から流入したこれらの物質は土壌‐植生系の内部循環をへた後，生物呼吸や土壌浸透水などによって生態系外へ放出される。土壌はこれらの物質循環や収支の影響をうけながら，それ自体が物質循環の要(かなめ)として機能している。

2. イオン交換の場としての土壌

土壌は，土壌粒子(固相)，水(液相)，空気(気相)の3相から構成されている。土壌中での物質移動の主要な媒体は水であり，水に溶解した元素が水の移動にともなって土壌中を移動する。土壌溶液中に溶存している元素は移動の過程で土壌固相とつねに接触し，さまざまな反応が生じる。土壌の表面には電荷があり，多くの土壌ではマイナスに帯電していることが知られている。したがって，土壌の表面にはカルシウムやマグネシウムをはじめとする陽イオンが吸着している。土壌への吸着の強さは元素によって異なるため，土壌へ吸着している陽イオンへより吸着力の強い元素が近づくとイオン交換が生じる。たとえば，水素イオンはカルシウムイオンより土壌への吸着力が強いため，水に溶存している水素イオンは土壌に吸着されているカルシウムイオンと容易に交換される。また，植物の必須元素である無機態窒素は硝酸態窒素およびアンモニア態窒素として存在する。アンモニア態窒素(アンモニウムイオン)は陽イオンであるのに対し，硝酸態窒素(硝酸イオン)は陰イオンである。したがって，アンモニウムイオンは土壌への吸着力が強いため土壌から流亡しにくいが，硝酸イオンは土壌に保持されにくいため容易に土壌系外へ流出してしまう。イオン交換能をはじめとする土壌がもつ諸機能はそれぞれの地質および気象条件のもとで植生の影響をうけながら土壌が生成される過程で生まれたものである。

3. 植生や微生物が物質動態へ及ぼす影響

土壌には植物根や多種多様な微生物群が生息している。これらの生物の生命活動そのものが土壌をめぐる物質動態にひじょうに大きな影響を与えてい

る。植生や微生物による元素の吸収(固定,有機化)は,土壌溶液中に溶存する元素を土壌系から取り除くことになる。また,根や微生物の呼吸によって発生した二酸化炭素は土壌空気から土壌溶液中に溶解して炭酸となる。炭酸平衡によって重炭酸イオンが生成する過程で水素イオンが生成され,その水素イオンが土壌表面に吸着している陽イオンとイオン交換される。植生の落葉・落枝によって再び土壌表面に還元された有機物は微生物によって分解され,その過程でさまざまな元素が土壌溶液中に溶解し,鉱質土壌へと移動する。また,無機化の過程で分解中間物として生成される有機酸は土壌中におけるいろいろな金属イオンの移動に対して重要な役割を担っている。このように生物による元素の無機化・有機化反応は土壌をめぐる物質動態と密接な関係をもっている。

4. 土壌水の化学組成

　北海道内の3カ所の針葉樹林において観測した土壌水の年平均イオン濃度を図1に示す。場所は道北の天塩山地に位置するアカエゾマツ林とトドマツ林(北大農学部附属天塩地方演習林),および道央の樽前山麓に位置するストローブマツ林(北大農学部附属苫小牧地方演習林)である。アカエゾマツとトドマツは北海道内に天然に存在する樹種であるが,ストローブマツは外来種である。また,アカエゾマツ林は天然林で,ほかの2林は植林地である。土壌型はそれぞれ異なり,アカエゾマツ林は白亜紀蛇紋岩を母材とする停滞水グライポドゾル性土,トドマツ林は新第三系堆積岩を母材とする酸性褐色森林土,ストローブマツ林は第四紀火山灰(Ta-a, b)を母材とする火山放出物未熟土である。各層の土壌水は重力排水浸透水を採取できるライシメーターとよばれる採水器を用いて採取した(柴田,1997)。このライシメーターで採取した土壌水を,以下では土壌浸透水とよぶ。図2は落葉層の直下(以下,落葉層浸透水とよぶ)および根群域以深の土層(深さ約50～60 cm)からの浸透水(以下,鉱質土壌浸透水と記す)の平均イオン濃度を示した。水溶液中のイオンは電気的に中性であるため,土壌浸透水中のイオン濃度も陽イオンと陰イオンのバランスのうえになりたっている(図1)。

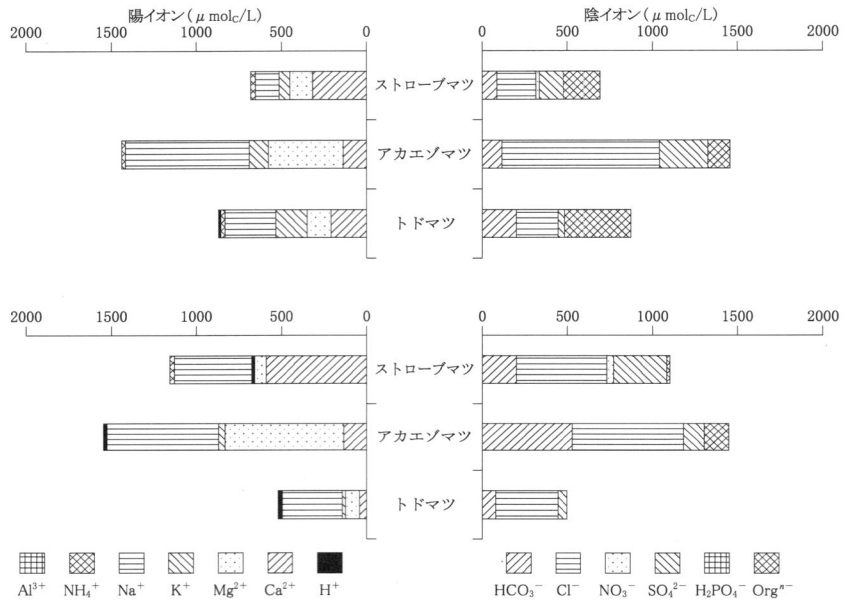

180 第IV部 生態系としての森林

図1 各針葉樹林における土壌浸透水の平均イオン組成(柴田, 1997より)。上：落葉層, 下：鉱質土壌。ストローブマツ林(苫小牧, 火山放出物未熟土), アカエゾマツ林(天塩, 停滞水グライポドゾル性土), トドマツ林(天塩, 酸性褐色森林土)

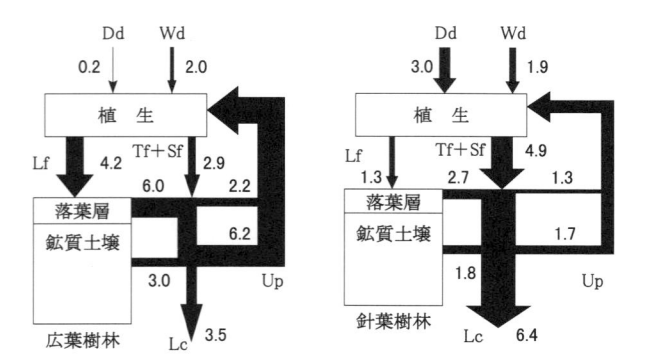

図2 広葉樹林および針葉樹林におけるアルカリ元素(カルシウム＋マグネシウム＋カリウム＋ナトリウム)の循環と収支(Shibata et al., 1998；柴田, 1999より)。単位はすべてkmol$_C$/ha・年。Wd：湿性降下物(雨・雪など), Dd：乾性降下物(ガス・エアロゾルなど), Lf：落葉・落枝, Tf＋Sf：林内雨＋樹幹流, Up：植生による元素吸収, Lc：根群域下の土壌(深さ60 cm)からの溶脱

落葉層浸透水の陰イオン成分はすべての地点において，弱酸である重炭酸(HCO_3^-)と有機酸(Org^{n-})や強酸である塩化物イオン(Cl^-)と硫酸イオン(SO_4^{2-})が主体であった(図1上)。塩化物イオンや硫酸イオンは主として大気降下物に由来するのに対し，重炭酸や有機酸は有機物(落葉や土壌有機物，枯死根など)の分解や生物の呼吸に由来するものが主体である。イオン濃度の合計や相対的な陰イオン組成は地点間で異なっており，それは地理的な大気降下物量の違い，気象条件や樹種の違いによる生物活性(有機物分解速度など)の違いや浸透水量の違いに原因している。また，重炭酸イオン濃度の地点間差に関しては浸透水 pH の違いによる炭酸平衡の違いも大きく影響している。それらの陰イオン濃度と電気的バランスを保ちながら存在する陽イオン組成は地点によって異なる傾向を示している。図1下の鉱質土壌浸透水の陽イオン組成に関して，アカエゾマツ林ではマグネシウムイオン(Mg^{2+})の割合が高いのに対し，ストローブマツ林ではカルシウムイオン(Ca^{2+})の割合が高かった。トドマツ林の浸透水中陽イオン組成は，ほかの2地点の中間的なカルシウムイオン/マグネシウムイオン比であった。それぞれの土壌に吸着されている陽イオンを調べると，超塩基性岩である蛇紋岩を母材とするアカエゾマツ林のグライポドゾル性土では，吸着陽イオンのほとんどをマグネシウムが占めているのに対し，石英安山岩質の火山灰を母材とするストローブマツ林の火山放出物未熟土ではカルシウムが主体である。また，トドマツ林の酸性褐色森林土は両者の中間的な組成をしていた。このように，土壌へ吸着されている陽イオン組成の地点間差は土壌母材の化学的性質の違いに起因しており，そのことが土壌浸透水の陽イオン組成と密接な関係をもっていた。以上のように土壌浸透水のイオン組成を調べることにより，陰イオン成分は大気降下物による物質流入(Cl^- や SO_4^{2-})や系内での生物活動の影響(HCO_3^- や有機酸)を強くうけており，それにバランスしている陽イオン組成は土壌固相に吸着されている陽イオン組成の影響を強くうけていることがわかる。これらの影響がそれぞれ量的にどういった関係にあるのかを考えるためには，土壌浸透水のイオン濃度に関する議論のみならず，単位面積あたりの物質移動速度(フラックス)* にもとづいた物質循環や収支に関しての定量的な研究を行なう必要がある。以下では，比較的排水のよい苫小牧の火

山放出物未熟土に立地する落葉広葉樹林と常緑針葉樹林における観測結果をもとに土壌中での元素動態についてフラックスの比較をもとに述べる。

5. 土壌‐植生系をめぐる物質循環と収支

　生態系を構成している土壌や植生をそれぞれ箱とみなし，その箱への物質の出入りを調べることによってその箱から物質が減少したのか増加したのかを明らかにすることができる。この箱のことをコンパートメントとよび，各コンパートメント間の物質の出入りを量的に表わしたものをコンパートメントモデルとよぶことがある。コンパートメント内部はブラックボックス，すなわち何が起こっているのかはわからないが正味どれだけの物質が移動したのかを知ることができる。コンパートメント間の物質のフラックス($kmol_c$/ha・年)を算出するためには土壌浸透水イオン濃度のみならず浸透水量や植生による吸収量の見積りが必要である。深さごとの土壌浸透水量は以下に述べる手順でおおまかに推定することができる(Shibata et al., 1998)。

(1) 土壌水の水量を林分レベルで実測することは困難なため，生態系内の蓄積量が変化しにくい，塩素の収支を利用して土壌浸透水量を推定する。ここでは，生態系の年塩素収支より土壌根群域(ここでは深さ60 cm)からの全排水量を推定する。土壌からの全塩素排水量がわかれば，全排水量を塩素濃度で割れば水量を算出することができる(塩素濃度は実測)。つまり，生態系への年塩素流入量(湿性降下物と乾性降下物の合計量)と土壌からの年塩素流出量が等しいと仮定し，その量を根群域最下層からの土壌浸透水中の塩化物イオン濃度で割ることで全排水量を推定する。

(2) 年間で土壌へ流入した水量(林内雨＋樹幹流)と(1)で求めた年排水量との差を土壌から植生が年間に吸水した水量と仮定する。

(3) 土壌各層毎の細根の現存量分布を実測し，深さによる細根の相対分布よ

[181頁の脚注]　*多様な形態の間隙を多数内蔵する土のなかを流れる水にのって物質が移動するとき，水や物質の流れを表わすにはフラックスという概念を使う。フラックスは，単位時間に土の単位面積を透過する物質の量であり，これが大きければ土中を通過する物質の流れが速い。小さければ遅いことを表わす。

り土壌各層からの吸水量を推定する。

(4)土壌への流入水量から各層での吸水量を差し引くことにより，各層からの土壌浸透水量を推定する。

(1)の塩素収支は塩素の流入量と流出量が等しいとしているので，1水文年において土壌‐植生系内の塩素現存量が変化しないという仮定が必要である。(3)・(4)の計算方法はすべての小根が同じ吸水能力を保持していると仮定した見積り方法であり，その仮定は原理的に問題があるかもしれないが，土壌の浸透水量を大まかに見積るうえではそれほど大きな誤差を生じさせないと考えた。土壌中での元素フラックスは以上で述べた浸透水量に各イオン濃度を乗じることで算出できる。年間の元素吸収量は毎木調査，伐倒試料木調査，年輪解析ならびに供試木の化学分析などから推定する。植生の元素吸収量の詳しい算出方法は文献(岩坪，1996；佐久間ほか，1994；柴田，1997)を参照されたい。土壌各層からの植生による元素吸収量は吸水量と同様に，小根現存量の分布パターンから算出する(Shibata et al., 1998)。土壌中での固相と液相の反応を定量化するために，土層ごとの物質収支を計算する。定常状態(物質の出入りが等しい状態)を仮定すると，各層の土壌固相から液相への元素放出量 F_{soil} は式(1)より算出できる(単位はすべて $kmol_c/ha \cdot 年$)。

$$F_{soil} = F_{out} + F_{uptake} - F_{in} \quad (式1)$$

F_{out}：土壌各層からの浸透水による下層へのイオン流出フラックス

F_{uptake}：植生による土壌各層からのイオン吸収フラックス

F_{in}：上層から土壌各層へのイオン流入フラックス

式(1)において F_{soil} が負の値の場合はそのイオンが土壌固相へ取りこまれたことを示す。図2には算出された各フラックスを用いて，両森林におけるアルカリ元素(カルシウム＋マグネシウム＋カリウム＋ナトリウム)の動態を示す(Shibata et al., 1998；柴田，1999)。地点間の比較をすると，植生によるアルカリ元素の吸収フラックスは明らかに広葉樹林で高く，その大部分は鉱質土壌から吸収されていた。広葉樹林の土壌での主要なアルカリ元素の流れは，(1)植生からの落葉・落枝による供給，(2)落葉層での有機物分解による固相への放出，(3)浸透水による落葉層から鉱質土壌への流下，(4)鉱質土壌での植生による元素吸収であった。一方，針葉樹林では植生による塩基吸収フ

ラックスや落葉・落枝による土壌への塩基流入フラックスは小さく，主要な流れは(1)乾性降下物による大気からの流入，(2)林内雨や樹幹流による土壌への流入，(3)根群域土壌からの溶脱であった。針葉樹林の林冠は乾性降下物を捕捉する効率が高いため，林内雨や樹幹流として土壌へ供給される物質量が広葉樹林と比較して大きいことが報告されている(Shibata and Sakuma, 1996)。つまり，広葉樹林土壌でのアルカリ元素の動態は土壌‐植生系の内部循環過程(internal cycling)が主体であるのに対し，針葉樹林土壌では系外部との物質収支過程(input-output budget)が支配的であった。その結果として，針葉樹林土壌から系外へ排出されるアルカリ元素フラックスは広葉樹林のフラックスよりも大きい値を示している。このように土壌中での物質動態は，植生と土壌との相互作用のもとに外部収支系と内部循環系のバランスによってなりたっている。

　前節で述べたように，土壌中を移動するアルカリ元素は陽イオンとして土壌浸透水中に溶存しており，その濃度は陰イオン濃度と電気的にバランスしている。したがって，図2に示したアルカリ元素の循環や収支に関しても，それらはさまざまな陰イオンの動態と密接な関係のもとになりたっている。土壌‐植生系において，各コンパートメント(土壌固相，液相，気相，生物相)間におけるイオンの移動過程では，イオンバランスを保つためにプロトン(H^+)の移動をともなう場合が多い(Driscoll and Likens, 1982；van Breemen et al., 1983)。たとえば，植物が土壌からアルカリ元素などの陽イオンを陰イオンよりも多く吸収すると，それと等モルのプロトンが植生根から土壌浸透水中へと排出される。また，土壌の一次鉱物が化学的に風化することによってアルカリ元素が溶液中に放出されると，等モルのプロトンが溶液中から失われる。プロトンの移動をもとにして各元素の相互関係を解析するためには生態系の物質循環・収支をプロトンの収支といった尺度で評価する必要がある。

6．プロトン収支と物質動態

　ここで議論するプロトン収支では林内雨や土壌水へプロトンが加えられる

過程をプロトン生成過程，逆にプロトンが除去される過程をプロトン消費過程とよんでいる。森林生態系のプロトン生成過程は大きく分けて，(1)大気降下物による外部からのプロトン流入，(2)生態系の内部循環でのプロトン生成に由来する。外部からのプロトン流入として代表的なものは大気降下物中の硫酸イオンや硝酸イオンに随伴するプロトンである。近年の人為的汚染源に由来する大気の酸性化はこの外部からのプロトン流入を増加させ，生態系の物質循環を撹乱する恐れがあることが知られている。また，降水中のアンモニウムイオンはもともとアルカリ性を示すものの，土壌中では微生物によって強酸である硝酸に変換(硝化)されるため，外部からのプロトン流入として評価されることが多い。内部循環に起因するプロトン生成として代表的であるのは先にも述べた植生による陽イオン吸収である。また，根や微生物の呼吸に由来する二酸化炭素の溶解も系内部でのプロトン生成である。土壌のイオン交換や酸吸着，一次鉱物の風化はプロトン消費過程として機能しており，系外および系内部からのプロトン生成に対する土壌の酸中和能に相当している。この土壌によるプロトン消費過程は土壌からのアルカリ元素やアルミニウムなどの流出に相当するため，この速度を酸中和容量の減少速度あるいは土壌の酸性化速度と定義することもできる(van Breemen et al., 1983)。プロトン収支を解析することで土壌をめぐる物質動態や土壌酸性化速度に対して，どのようなプロトン生成要因が大きく影響しているのかを相互に考察することもできる。

　表1には火山放出物未熟土に立地する落葉広葉樹林，常緑針葉樹林における土壌－植生系でのプロトン収支を植生，落葉層，鉱質土壌に分けて示した(Shibata et al., 1998)。両森林とも落葉層においては，プロトンの生成源として植生によるカチオン吸収と弱酸(重炭酸と有機酸)の解離が大きな割合を占めた。それに対する落葉層でのプロトンの消費過程は落葉層の有機物として蓄積されているアルカリ元素の無機化やイオン交換反応が主体であると考えられる。鉱質土壌では植生による陽イオンの吸収がプロトン生成過程の主体を占め，その割合は広葉樹林でより大きかった。鉱質土壌における弱酸の解離平衡反応はプロトンの消費過程として機能していた。つまり，落葉層で放出された重炭酸や有機酸が鉱質土壌でのプロトン化あるいは有機酸の分解

表1 広葉樹林および針葉樹林における林冠、有機質土壌および鉱質土壌でのプロトン収支(Shibata et al., 1998 より)。1990年5月〜1993年4月

	プロトン生成過程 (kmol_c/ha・年)						プロトン消費過程 (kmol_c/ha・年)					
	H[*1]	塩基[*2]	NH₄[*3]	NO₃[*4]	Ani.[*5]	Alk.[*6]	合計	H[*7]	塩基[*8]	NH₄[*9]	NO₃[*10]	Ani.[*11]	Alk.[*12]	合計

[落葉広葉樹林]

	H	塩基	NH₄	NO₃	Ani.	Alk.	合計	H	塩基	NH₄	NO₃	Ani.	Alk.	合計
林冠	0.7	0.0	0.0	0.0	0.1	0.2	1.0	0.1	0.7	0.0	0.1	0.1	0.0	1.0
落葉層	0.1	2.2	0.6	1.0	1.1	2.7	7.7	0.0	6.0	1.1	0.5	0.1	0.0	7.7
鉱質土壌	0.0	6.2	1.4	1.4	0.5	0.0	9.5	0.1	3.0	0.7	2.0	0.8	2.9	9.5

[常緑針葉樹林]

林冠	1.7	0.0	0.1	0.0	0.0	0.0	1.8	0.4	0.0	0.0	0.1	0.6	0.7	1.8
落葉層	0.4	1.3	0.8	0.7	0.0	1.8	5.0	0.1	2.7	0.8	0.8	0.6	0.0	5.0
鉱質土壌	0.1	1.7	0.8	1.5	1.7	0.0	5.8	0.0	1.9	0.7	1.4	0.2	1.6	5.8

[*1] 遊離のプロトン流入(乾性降下物を含む)、[*2] 植生によるアンモニウムイオンの吸収および土壌への吸着、[*3] 植生による塩基性カチオン(カルシウム+マグネシウム+カリウム+ナトリウム)の吸収、[*4] 植生による硝酸イオンの吸収、[*5] 無機化による塩化物イオン・硫酸イオン・リン酸水素イオンの放出、[*6] 重炭酸イオンおよび有機アニオンの解離、[*7] 遊離のプロトン流出、[*8] 一次鉱物の風化および硝酸性イオンの放出、[*9] 有機物の無機化および土壌交換基からのアンモニウムイオンの放出、[*10] 植生による硝酸イオンの吸収、[*11] 塩化物イオン・硫酸イオンおよびリン酸水素イオンの植生による吸収および土壌への吸着、[*12] 重炭酸アニオンの吸収および有機アニオンの分解オンの植生による吸収および土壌への吸着、重炭酸イオンのプロトン化および分解

によってプロトンが消費されたと考えられる。鉱質土壌では窒素の硝化(硝酸の生成)にともなうプロトンの生成も重要であったが，それとほぼ等量の硝酸イオンが植生によって吸収されることによって，そのプロトンが消費されていた。また，鉱質土壌からのアルカリ元素(カルシウム，マグネシウム，カリウムおよびナトリウム)放出は，プロトン消費過程として重要な役割を果たしており，土壌鉱物の風化やイオン交換反応に由来すると考えられた。これらの結果は，両森林の土壌中でのプロトンの生成や消費が系外部からのプロトン流入よりも土壌-植生系内部での元素循環に大きく影響されていることを示している。調査地の土壌は未風化の火山礫を母材とする未熟土壌であるため交換態塩基には乏しいが，土壌中に現存する全塩基量は比較的多い。また，植生も比較的若い林であるために養分の吸収量が老齢林や極相林などと比較して旺盛である。このような立地条件もプロトン収支に大きく影響しているのであろう。

　森林地帯でのプロトン収支は欧米においてもいくつかの報告があるが，氷河の堆積物を母材とする砂質ポドゾル性土では，土壌中でのプロトン生成源は主として酸性降下物や酸性腐植からの有機酸に由来しており，その結果として土壌からのアルミニウムイオンの溶出が認められている(van Breemen et al., 1984)。このような地域では酸性降下物による陸上生態系の酸性化や，そこに生息する動植物への影響が懸念されている。図1・2の研究地である北海道苫小牧地域でも欧米と同程度の低いpHの酸性雨が観測されているが(柴田・佐久間，1994)，植生によるアルカリ・アルカリ土類金属の濃縮・還元によって林冠や落葉層がその酸を十分に中和していることが明らかとなっている(Shibata et al., 1995；Shibata and Sakuma, 1996)。

7. 土壌をめぐる物質動態と環境問題

　酸性雨による森林被害の問題や，地球温暖化に対する森林の温暖化抑制機能などに対する社会的な関心は近年ますます高まっている。これらの問題に対して科学的な評価を下すためには，森林をめぐる物質の動態に関して正確な情報が不可欠である。たとえば，酸性降下物に対する森林生態系の反応を

理解するためには本章で述べたようなプロトン収支の解析ならびに動的なシミュレーションモデルを用いて，土壌の酸性化が何によって律速されているのかを予測しなければならない。その際には大気降下物による酸の流入のみならず植生による陽イオンの吸収や落葉層における物質変換なども考慮にいれた解析が必要とされる。また，二酸化炭素の吸収源としての森林の機能を評価するためには光合成による炭素固定のみらず，植生根や微生物の呼吸によって放出される二酸化炭素が生態系内部での循環過程でどのように消費されるのかを明らかにするとともに，温暖化によって植生の光合成速度が上昇した場合，土壌の分解系における炭素動態がどのように変化し，それが系全体の物質循環をどのように撹乱するのかを予測する必要があろう。そのなかでも，土壌をめぐる物質の動態は地域的な立地環境や植生のタイプによって大きく変動するため，その情報は決して多くない。現地における長期的な観測にもとづいた研究が今後ともよりいっそう必要とされるであろう。

第14章 河川の構造と森林

愛媛大学・井上幹生

1. 川は森から流れでる

「渓流魚は，渓の住人であると同時に森の住人でもある」といった文を読んだことがある。渓流といえば，白泡を立てながら岩をはむ，冷たい水の流れが連想される。そこは川の源流域であり，その清冽な流れは，緑の木々のなかに涼しげなコントラストをかもしだす。

源流域のイメージは人によって違っており，必ずしも「渓流」とよばれるような谷川であるとは限らない。さらさらと穏やかに流れる細流，小川のようなものをイメージする方がおられるかもしれない。しかし，いずれにせよ，そのイメージ像のなかでは，川は森のなかを流れているのではないだろうか。事実，日本の河川のほとんどは，その源を森林地帯に発している。すなわち，川は，森を背景として，その流れを始める。

2. 森林の景観，河川の景観

森林とは，樹木集団とそこに生息する動植物群の総体としてとらえることができる。同時に，「平野」，「山地」，「砂漠」，「ツンドラ」などといった，地表面の性質をさし示す概念でもある。その場合，樹木によっておおわれている場を「森林」とよぶことになる。しかし，樹木が3本しか生えていない

写真1 シラカバの疎林のあいだを蛇行しながら流れる川

ような場は「森林」とはいいがたいであろう。では、どのくらいの面積が樹木におおわれていたら「森林」とよべるのか。また、たとえば、大陸上の果てしなく続く森林地帯を想定したとき、連続的に樹木でおおわれている限り、それはやはり「1つの森林」なのだろうか。それとも、樹種構成や地形の特性の違いなどで区切り、「複数の森林から構成される大きな森林」としてとらえることができるのか。森林という景観の構造単位、その広がりや境界に

ついて考えを突きつめてみると，それが意外に難しい問題であることがわかる。

　一方，河川とは地表上の「水が流れている部分」であり，陸域とは明瞭な境界によって隔てられている。また，天塩川，四万十川，球磨川といったように，その1つひとつには，たいてい名前がつけられており，1つ，2つと，その数を数えることができる。こうしてみれば，河川の構造を整理整頓するのは容易なことのように思える。実際に，森林よりも河川のほうが，その構造を把握するのは簡単であろうと私は思う。その理由を感覚的，かつ，おおざっぱにあげれば，森林という景観の中心となるのは樹木という生物であり，それ自体が「生きている」のに対して，河川という景観の中心となるのは，生き物ではなく水であり，基本的には「低きに流れる」という物理的性質によって動かされているという点にある。もう1つ，河川景観の動態よりも森林景観の動態を把握するほうが，概して，長い時間を必要とするという点にあろう。仮に，一人の人間がその生涯をかけて河川景観の動態を観測したとしたら，いくつかの動態様式を，繰りかえし何度となく観測することができるであろう。一方，森林景観の場合では，その全体を支配するような動態様式は，そう何度も観測することはできないのではないか。結局，人間が景観構造を認識する際に鍵となるのは，空間的・時間的に繰りかえし生じる規則的な様式を抽出することであり，森林と河川を比較した場合，後者のほうが，空間的により明瞭な構造様式をもつとともに，時間的にはより短い周期で繰りかえされる動態様式をもつという点に違いがあると思われる。以上のようなわけで，森林との対比のうえで考えれば，河川構造は比較的把握しやすい。では，河川構造はどのように把握していくことができるのだろうか。

　川で魚の調査をする場合，調査をする者は，河川というものの環境構造について，多かれ少なかれ，意識せざるをえない。また，場合によっては，川の構造をできる限り具体的に描きだし，整理整頓していく必要性に迫られることもある。そのような観点にたち，河川の構造を考えていこう。

3. 魚類の生息環境を調査する

「河川には名前がついており，数えることができる」と述べたが，同じ川であっても，上流と下流とでは，その様相も異なれば，そこにすんでいる魚の種類も異なるということは多くの人が知っていることであろう。たとえば，上流域ではイワナやヤマメといったサケ科の魚がすんでおり，だんだん下流になるにつれて，ウグイ，カワムツ，オイカワなどといったコイ科の魚が多くなるとともに，サケ科魚類はみられなくなる。魚類に限らず，底生動物などのほかの生物でも同様である。上流から下流へと流程にそった分布の変化がみられるだろう。また，ある流程に位置する100 m程度の比較的短い区間内においてさえも，たとえば，瀬と淵ですんでいる魚種が異なるように，水深，流速，底質状態などの違いに応じた生息場所利用がみられる。河川を魚類の生息場所という観点からとらえ，魚類の分布や生活様式を，その周囲の環境との関連において解析しようとすれば，河川のもつさまざまな環境要素を客観的に表現するという問題に直面する。

たとえば，ヤマメという渓流魚を例にとってみよう。ヤマメがすんでいるのは，一般に，上流域の澄んだ流れであり，シュノーケルを用いて水中を覗けば意外と簡単に彼らを観察することができる。そうやって，しばらく彼らのようすをうかがえば誰もが気づくことであるが，ヤマメたちのほとんどは，池にいるコイやフナのように徘徊しながら水底の餌を漁るようなことはしない。彼らは，流れのなかでつねに上流に頭を向け，水中の一地点を確保しながら，流れが運んでくる餌を待っている。水生昆虫や川に落ちてしまって流されてきた陸生昆虫を発見すると，それに跳びついて食べる。そして，また元の位置に戻る。これは渓流のサケ科魚類によくみられる「定位採餌」とよばれる採餌様式であり，流れのなかで各個体が確保している位置のことを「定位点」という。さて，ヤマメたちは，流れのなかならどんな地点にでも定位するのだろうか，それとも，彼らが定位点として確保する地点は何か特別の環境特性をそなえた場所なのだろうか。また，定位点の環境特性は，体のサイズなどの個体の属性によって異なっているのだろうか。このような疑

問をもち，これについて解析を行なおうとすれば，とりあえず，各定位点のもつ環境特性を数値化しなければならない。この場合，数値化すべき環境要素として，まず最初に思いつくのは流速であろう。このような調査では，径3cm程度のプロペラ式のセンサーを用いた流速計がよく用いられる。流速はそのような計測機器を用いて測るとして，ほかに計測すべき要素はないだろうか。水深や底質状態も関与している可能性がある。底質状態を計測するのは難しそうではあるが，定位点直下の状態を砂，砂利，巨礫などいくつかのタイプに分類して記録することは可能である。これは数値化というよりは類型化だが，底質の「粗さ」や「均一性」などに着目してくふうすれば，数値化することも不可能ではない。さらに，これら以外の要因としては，水平方向や鉛直方向上での位置，すなわち，水際からの距離や，水底（または水面）からの距離も意外に重要かもしれない。このように，定位点を特徴づけるさまざまな要素については計測可能である。このようにして，各個体の定位点について各要素を計測していけば，ヤマメが定位点として確保する地点の特性を描きだすことができる。また，定位点の環境要素を計測すると同時に各個体のサイズも計測すれば，サイズによる定位点の特性の違いを検討することができる。さらにヤマメのみに限らずイワナなどの別の魚種について同様の計測を行なえば，魚種間での定位点特性を比較することもできる。ただし，これだけでは「ヤマメが定位点として確保する地点は何か特別な環境特性をそなえた場所なのか」ということについて検討することはできない。そのためには，川全体について，どのような特性をもった地点がどのくらいの頻度で存在するのかを調べ，これとヤマメが利用していた定位点の特性とを比較しなければならない。すなわち，流路の全面にわたって，たくさんの点を設定し，同様な計測を行なわなければならない。実際には，たとえば，河川の縦横断方向に50cm間隔で計測していくといったような方法がとられる。以上のようなやり方は，魚種間での生息場所の分割利用様式を記述する際などによく用いられる方法であるが，このような方法は，できるだけ魚の身になって河川内の環境を把握しようという試みでもある。この場合，河川内の環境は流速，水深，底質などの環境要素によって特徴づけられる多くの点の集合体としてとらえたことになり，河川景観の把握単位とされている

のは河川流路内の「点」である。

　さらに，もう少しヤマメの生息環境についてみていこう。ヤマメがすんでいるような上流域では，川はいくつもの小さな支流に分岐している。そして，あちらの支流よりもこちらの支流の方がヤマメの数が多いというようなことがよくある。支流によって，川の形態や流れのようすなどの環境特性が少しずつ異なっていたりもする。そこで，今度は，ヤマメの生息密度とそれぞれの支流のもつ環境特性とのあいだに関連があるのかという問題を想定してみよう。この場合も，それぞれの支流のもつ環境特性を何らかの形で客観的に表現しなければならない。さらに今回は，各支流を特徴づけるために，定位点の場合とは違った環境要素も計測する必要がある。しかし，水深や流速などの定位点の場合に測定した項目も支流の特徴を表わす環境要素として有効に使えるかもしれない。では，水深と流速の場合，今度はどのように計測すればよいのだろうか。前回は「定位点」を表わすための計測であったが，今回は「支流」の特徴として表わさなければならない。しかし，水深は実際のところ「点」でしか計測のしようがない。流速も同様に「点」としてしか計測できない。自然河川は複雑な流れを呈しているため，水平または鉛直方向に少し位置をかえただけでも流速はずいぶん異なる。よって，各支流における代表値を求めるには，河川全面にわたって多くの計測点を設定して計測しなければならない。そして，それらの平均値やバラツキの値を用いて表わすという方法もある。このようにして，ほかにも計測すべき環境要素を決め，その数値化（または類型化）をくふうして計測していけばよい。同時にヤマメの生息密度を調べ，生息密度と各環境要素とのあいだに何らかの関係があるかについても検討していけばよいだろう。これにかかる労力は別として，この方法もさほど難しいことではない。

　しかし，以上に述べた過程において，曖昧にされている部分がある。それは，実際の調査をどの程度の範囲で行なうか，ということである。魚の生息密度を調べるにしても，さまざまな環境要素の計測にしても，各支流全域にわたって調査を行なうのは現実的には不可能である。したがって，通常，このような場合，各支流を代表するような調査区間を1つまたは複数設定し，その区間内でヤマメの生息密度の推定や環境要素の計測を行なうことになる。

つまり，今回は，河川景観の把握単位は「区間」である．区間というのは点とは異なり「長さ」という概念を含む．では実際問題として，調査区間をどのくらいの長さで設定すればよいのだろう．これは簡単なようでいて難しく，かつ，重要な問題でもある．河川は不均一な連続体である．よって，そのなかのどの部分をどのくらいの範囲で切り取るかによって，みえてくるものが異なるのだ．極端な具体例をあげた方がわかりやすいだろう．

図1は，どちらも，川幅3～4m程度の小河川におけるヤマメの生息密度と平均水深を，それぞれ縦軸と横軸にとって両者の関係を表わした散布図である．これらは同一の調査結果にもとづいて作成したものである．つまり，両者ともに同じ時間の同じ川の状態を表わしたものである．違うのは，点の数の違いに表わされているように，区間の切り方である．上側は長さ50～100m程度の区間ごとにヤマメの生息密度と平均水深を算出したものである．一方，下側は長さ5～10m程度の細切れの小区間ごとに算出したものである．一見しただけで，点のばらつきの程度などに大きな違いがあることがわかる．ここから読み取られる傾向も違ったものになる．上の図では，点はどちらかといえば右下がりに並んでいる．つまり，水深の深い区間ほどヤマメの生息密度は低い傾向にある．逆に，下の図においては，点は右上がりに並んでいるといったほうがよいであろう．同じ時間の同じ川の状態を同じ要素で表わしたというのに，このような大きな違いが生じるということは，

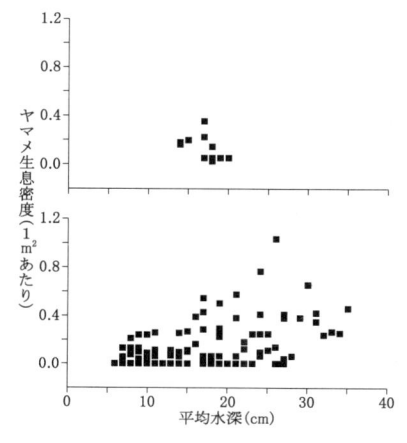

図1 ヤマメの生息密度と平均水深の関係．上：長さ50～100mの区間で計測，下：長さ5～10mの区間で計測

見方が違うということにほかならない。つまり，調査区間を設定した瞬間に，その河川に対する見方を決定したことになる。そして，見方が異なれば，「ヤマメの生息密度」，「平均水深」という同じ名前をもった項目であっても，それらの意味するところはかわってくるであろう。ここにいたって，河川という不均一な連続体をどのような見方でとらえるべきかという問題を突きつけられる。結局，森林の場合と同様に，ここで問題とされることは，河川という景観の構造単位とその広がりや境界ということになろう。

4．河川構造の階層性

　河川の構造が比較的把握しやすい理由の1つとして，「河川が空間的により明瞭な構造様式をもつこと」をあげたが，「河川というものは，どの川にも共通する基本的な構造様式をもつ」といったほうがより正確であろう。川の始まりは，たくさんの源流である。それらが合流を重ね，最後には1本の川として海へと注ぐ。このことは「低きに流れる水の性質」と大いに関係すると思われるが，これこそすべての河川にみられる共通点である。はるか高く空を飛ぶ鳥の目をもってすれば，それは，枝分かれする樹状の形をした水系として映る。そして，個々の水系は，分水嶺によって隣の水系と明瞭に区分され，「流域」という単位をなしている。また，1つの水系の内部も，それを構成するそれぞれの支流ごとに「支流域」として分割していくことができる。この流域という単位こそが，河川景観の構成要素のなかでもっとも明瞭な境界をもつ構造単位である。

　もう1つ，どの川にもみられる共通の構造様式として，波状形状をあげることができる。河川流路は上空から平面的にみると，ヘビのように曲がりくねって流れており，これは蛇行とよばれる。さらに，視点をかえて，この流れにそった縦断面をみても，やはり波状形状である。つまり，川底は，流れにそった周期的な凹凸をもっている。凹部は，洪水時に川底が掘られた部分であり，平常水位のときには，水深が深く，ゆっくりと流れる部分である。凸部は石礫が堆積した部分であり，浅く早い流れとなる。この縦断的な波状形状は瀬‐淵構造とよばれ，蛇行とともに，河川の基本構造とされている。

瀬，淵というのは，それぞれ，凸部，凹部のことであり，河川研究者に限らず，とくに釣人や漁業者にとってはなじみのあるよび名であろう。生態学者の可児藤吉氏が，これら瀬や淵のことを「河流構成要素」とよんで河川形態の区分を行なったことは，よく知られている。英語にもまったく同様の概念を示す"channel unit"という言葉があり，和訳すれば「河道単位」もしくは「流路単位」といった意味になるだろう。ここで明らかなように，瀬や淵は川の流れの構造単位として認識されうる。この認識にたてば，河川流路はいくつもの流路単位が連結したものとしてその構造を把握できる。そして，「瀬」や「淵」というよび名は，個々の流路単位を水深や流速などの特性によって類型化したタイプ名である。

　河川流路を瀬や淵といった流路単位に分割する場合，それらの境界は必ずしも明瞭な境界線をもって存在するとは限らない。隣接する流路単位間は，上流から下流へ向かって水流特性が連続的に変化する，ある程度の長さをもった境界域によって分けられる場合も多い。それでも，その境界域のまんなかあたりで，思い切って境界線を引くことは可能である。むしろ，流路単位に分割しようとする際に迷うのは，以下のような場合であろう。水面を波立てながら激しく流れる瀬においても，大きな石などがあれば，その直下流では流れは局所的に弱まり，また，水深も部分的に深くなっているような場合がある。よくみれば，その部分はまるで「小さな淵」のような様相を呈している。この部分を，瀬の一部を構成している特異的な部分として瀬のなかに含めてしまうか，それとも淵として認識するか，といった問題が生じる。この「小さな淵」の部分がひじょうに小規模であるならば，瀬の一部分とみなすことができるが，無視できないくらいの大きさの場合には迷ってしまう。この例は，どのくらいの大きさであれば淵と認めるかという問題である。このような問題が生じないようにするには，流路単位という構造単位の概念が，そもそも河川流路の縦断的な波状形状に基礎をおくものであるということを認識し，さらに，流路単位にサイズの定義を与えてやればよい。流路単位は，川を波状の線としてとらえ，その波線を区切っていったものである。縦断方向の境界は，流れを横切るように決めなければならないが，横断方向の境界は水際線である。つまり，基本的には，個々の流路単位は両側に水際線をも

つのである．したがって，瀬のまんなかの一部分をくり抜いて，それを「淵」として認めてしまえば，縦断的な波状形状に基礎をおくことによってなりたっている秩序が崩壊してしまう．サイズの定義については，「長さ5m以上あれば，流路単位として認めるが，それ以下であれば，流路単位としては小規模すぎるので，それに隣接する流路単位の一部分とみなす」というように長さの目安を与えるのである．しかし，この例のように，5mというような絶対的な数値では一般化することはできない．なぜなら，川のもつ波状形状の波長は，川の大きさに合わせて，大きくもなるし小さくもなるからだ．このような場合，便利なのは川幅を基準にすることである．たとえば，「流路単位を区切るときに，その長さは川幅よりも大きいものとする」といったような定義を与えるのである．この場合では，「長さよりも幅のほうが大きくなるようであれば，たとえ縦断的に分割することができても，それは流路単位としては認めず，その部分は流路単位を構成する一部分とみなす」ということである．河川流路を瀬や淵の繰りかえし構造とみなす流路単位の概念は，抽象的にはとてもわかりやすいが，実際に川岸に立って，いざ，瀬や淵に分割しようとすると，なかなか難しく感じられる．しかし，流路単位は，以上のように「川の縦断的波状形状」と「分割すべきサイズ」の2つを意識すれば，実際的にも，どの川にも共通する構造単位として区分することができる．

　ここまでで，どの河川にも共通するスケールの異なる2つの構造単位，流域と流路単位が抽出された．さらに，流路単位を基本にして，それを分解したり連結させたりすることにより，少なくともあと2つのスケールで構造単位を概念的に認識することができる．1つは，流路単位の一部分をなす構成要素である．英語では，"subunit"という便利な言葉で表現されている．先ほどの「瀬のなかの小さな淵」は，このサブユニットスケールにおける川の構造単位として整理すればよいのである．このスケールでは，観察者の興味や見方によって，さまざまな構成要素をみいだすことができるだろう．川底に着目すれば，砂地の部分，大礫の部分，落葉が堆積した部分というように，パッチ状に区分できるかもしれない．釣人が用いる淵頭，淵尻などといった言葉もサブユニットスケールでの区分によるものである．ただし，サブユ

ニットは，概念的な構造単位であり，実際のところは，つねに明瞭な境界によって区切られるとは限らないのである。

　もう1つは，流路単位を連結させることによってできる構造単位，すなわち，区間である。この場合，区間と区間の境界は流路単位の境界であり，境界を決定することは可能である。問題は，どれだけの流路単位を連結させて区間とするかという点にある。この目安となるのは，縦断的波状形状の波長である。これに着目すれば，1波長を1単位区間とすることも妥当だろう。前述の可児藤吉氏は，河川流路が基本的に淵－平瀬－早瀬－淵－の繰りかえしであることに着目し，「淵－平瀬－早瀬」を1波長として，これを「川の単位形態」とよんだ。これで，前節の調査区間長の設定に関する問題も解決できそうである。この波長を念頭においてその長さを設定すればよい。1波長をもって調査区間とすることもできるが，実際には，1波長区間が，淵－平瀬－早瀬と規則正しく配置されているとは限らない。波長の長さにしても，流路単位のタイプ構成やその配置にしても，現実の川では，かなりの変異がある。したがって，1波長の区間をもって，対象とする河川流路の代表区間とするには無理がある場合も多い。したがって，通常，複数の波長分を含む区間を1つの調査区間として設定することが多い。

　このように，河川は，みるスケールをかえていくことによって，その構造を整理整頓していくことができる。そして，その構造が階層性をもつものであることに気がつく。まず，上空からみおろすような大きな観点にたてば，「流域」として面的に把握され，それは，さらにいくつもの支流域から構成される階層構造としてとらえられる。つぎに，各支流域の骨格をなしている流路に着目すれば，線としてとらえることができ，それは「区間」として分断することができる。そして，各区間を拡大してみれば，それは瀬や淵といった「流路単位」の連結としてとらえられ，各流路単位をさらに微視的にみれば，そのなかに流路単位の構成要素としての「サブユニット」をみいだしうる。

　河川という不均一な連続体をどのようにとらえるか，というのが問題であったが，以上の整理のしかたは，結局，河川を適当なスケールで，繰りかえし現われるまとまった部分に分解していったことになる。前節における河

川に対する見方の違いというのは，とらえるスケールの違いということに置き換えられる。ヤマメの定位点の調査は，川の環境をサブユニット，またはそれより小さなスケールでとらえる必要性に駆られた調査といえるだろう。そのつぎの，各支流の環境特性とヤマメの生息密度の関係は，問題としては「流域」間の比較であるが，河川流路の特性に着目している。したがって，現実には「区間」スケールで川を把握していくことになり，そのための調査区間は各支流の特性を代表できるようにくふうして設定しなければならない。つまり，「流域」間の問題に「区間」スケールでの見方から答えをだそうとするケースである。極端な例としてあげた図１は，上側が２〜３波長分の瀬‐淵構造を含む区間を調査区間として設定したものであり，下側が，各調査区間に含まれる個々の流路単位ごとに分割してヤマメの生息密度と平均水深を表わしたものである。したがって，下側の散布図に右上がりの傾向があるとみなすならば，「流路内において，ヤマメは水深の深い部分，すなわち凹部に集中的に分布する」というような解釈も可能だろう。しかし，これでは「支流域間でのヤマメの生息数の違い」という問いには答えられない。一方，上側の散布図に右下がりの傾向をみいだすならば，「ヤマメの個体数は平均水深が浅い区間ほど多い」ということになる。しかし「水深が平均的に浅い区間」とはどういうことだろう。「瀬の多い区間」のことだろうか。もしかしたら，「ヤマメは小規模な支流ほど多い」ということを反映しているのかもしれない。もちろん，この限られた情報のみからヤマメの分布について論じることはできないが，先に試みた図１の解釈は，同じ「平均水深」でも，見方によって，その意味づけが異ってくるということを示した例である。

　この節で述べた河川構造の規則性や階層性は，川を仕事場とする地形学者や生態学者たちによって，しばしば論じられてきたことである［たとえば，可児（1944）；Keller and Melhorn（1978）；Frissell et al.（1986）；Grant et al.（1990）］。

5．河川景観にみられる森林と河川の相互作用

　さて，冒頭に戻ろう。川は森から流れでる。この風景を思い描けば，森は

川にとって，また，川は森にとって，お互いに重要な景観要素となることが想像される。最後のこの節では，森林景観と河川景観の相互作用についてみていこう。これまでの節では，河川景観の見方についてはおおかた整理することができたものの，森林景観の把握についてはまったく触れていない。しかし，一方に対する見方が定まれば，もう片方は，それに合せてみていけばよいだろう。

　まず，河川を流域として切り取ってみる（図2）。このスケールでみた場合，森林景観に対する河川の，または河川景観に対する森林の直接的な影響をみいだすことは難しい。両者はともに，地質，地形といった地盤条件や降水様式，風の吹き方などの気象条件に大きく左右されているからである。川は地形を刻みながら流れるので，地形を改変するという見方もあるが，このスケールでみた場合では，やはり，川は地形にそって流れているとみたほうが妥当であろう。また，この図に示してある植生パターンは，元の植生図をかなり簡略化して模式的に示したものであるが，たとえば，この流域にこのような植生パターンを与えた原因は，農地化という人為を除けば，過去に起こった山火事に帰される。広葉樹二次林の部分は山火事の後に森林が回復した部分であり，ササ地の部分は森林焼失後，いまだ回復していない部分であ

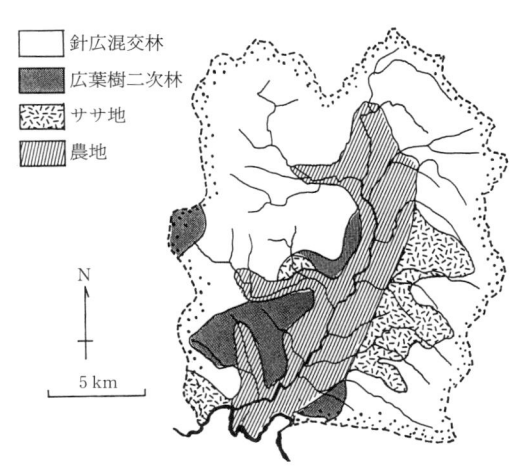

図2　河川流域の植生図（Takaoka and Sasa, 1996 を参考に作成）

る。そして、山火事の発生と延焼範囲は風向きと地形条件によって決定されており、さらに、焼失後の森林回復の度合いも、風向きと関連して、斜面の向きなどといった地形条件によって大きく左右されているのである(Takaoka and Sasa, 1996)。このようにして形成された各支流域での植生条件の違いが、河川流量の変動様式や水質などの違いを引き起こすこともあるだろうが、それらは河川の景観や構造という点からは少し外れることになるので、ここでは触れないことにする。景観や構造という点において森林と河川の相互作用をみいだすには、もう少し小さなスケールでみる必要がありそうだ。

河川を区間として切り取ると、流れにそって2本の水際線を描くことになるが、これらは、固定されたものではなく、川の流量に応じて大きく変動する。たとえば、河原のなかを縫うように流れる穏やかな流れでも、大雨が降れば、その流れは河原いっぱいに広がるとともに激しさを増し、ふだんは水が流れていない部分もじつは川の領域であるということを思い知らされる。このような、川の作用が及ぶ河畔域では、森林は図3のようにパッチモザイク構造となる。この図も元の植生図を改変しておおざっぱに模式化したものであるが、樹種構成や発達段階(樹齢や樹高)が異なる4タイプの森林パッチがモザイク状に分布しているのを示したものである。このようなパッチの分布は、河川の挙動と強く関係している。そもそも、特性が顕著に異なる森林がパッチ状に発達すること自体が河川の作用によるものである。台風などによる激烈な増水の後には、河原の状態が一変することがある。増水時の河川

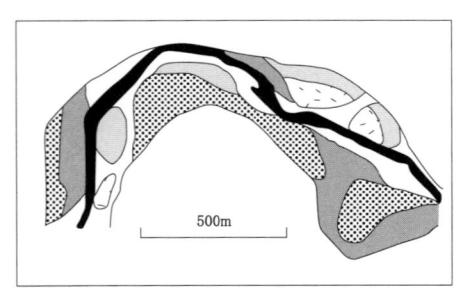

図3 河畔域における森林のパッチモザイク構造(進 望氏資料提供)。中央を左右に走る黒い帯が流水部、その脇の白い部分は樹木が生えていない砂礫部。それらの周囲に樹種構成や発達段階の異なる4タイプの森林パッチがモザイク状に分布している。

では，勢いを増した流水が川底や岸辺の砂礫を洗掘し，一方では，それらを堆積させる．つまり，河畔域では，林の立地基盤が増水のたびに，多かれ少なかれ，改変されていくのである．そして，すでに成立した林であっても，何らかのダメージをうける．場合によっては，部分的に全林木が流失することもありうる．しかし，増水後に形成された裸地は，新たな林の立地基盤となる．そして，ときをへれば，そこには周囲とは樹種や樹齢の異なった林がパッチ状に成立する．河畔域にみられる森林のパッチモザイク構造は，まさにそのような流水による撹乱の産物であり，河畔域の森林景観は，河川によって強く規定されているといえる．ただし，この図3の例は，河川中流域の区間を示したものである．流れの規模が小さくなるほど，つまり，上流になるほど，増水時における流水の威力は小さくなる．したがって，上流域での流れは，増水しても森林に対して大規模な改変を与えるほどの威力をもたなくなるのである．つぎに，上流域の区間に目を移してみよう．

　中流域の区間では，森林は川の領域の上にのるように成立していたが，上流域の小規模な流れは，森の木々のあいだをくぐり抜けるように流れる．そこでは，川に対する樹木の相対的な大きさは，中流域の場合と比べて，かなり大きくなる．よって，樹木1本の存在が，川の流れを左右してしまうようなこともありうる．図4は，倒木，川岸の立木および枝が，川の形態に影響を及ぼしている一例である．これはかなり上流であるが，このような小河川

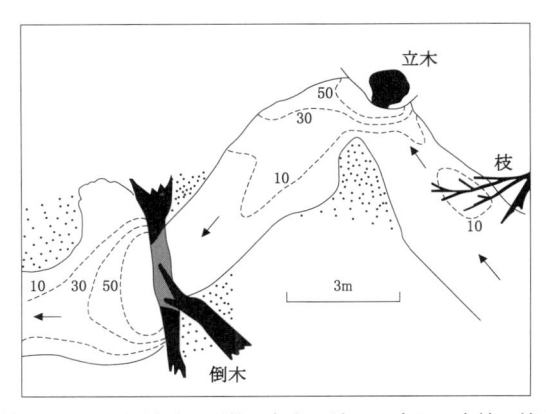

図4　上流域における河川流路の形態．矢印：流れの向き，点線：等水深線(cm)

では，一度の増水のみで立木が倒されるようなことはめったにない。また，倒木や突きでた枝すらも流し去ることができない場合が多い。図4の右端に描かれてある枝は，川岸から瀬の水面上に低く這うように突きでたヤナギの枝である。この枝はふだんは水面上にあるが，増水時には流れにのまれ水流の障害物となるため，この周囲の川底は洗掘され，局所的に深くなっている。つまり，瀬のなかに，流れが比較的弱く水深が深いサブユニットが形成されたことになる。また，流れがあたる蛇行部は，もともと淵になっていることが多いが，その岸部に樹木が生えていると，川底はさらに洗掘される。この場合，樹木の根本をえぐるようなかたちで洗掘が進むため，樹木は川に向かってしだいに傾いてくる。そして，やがて倒木となって川に横たわるものもある。このような倒木は，この規模の流れにとってはかなり大きな障害物であり，これによる洗掘部も大きなものとなる。いいかえれば，淵を形成するということになる。以上のように，上流域の区間をみれば，樹木がさまざまな手段を駆使して河川に働きかけていることがわかる。このような作用は，直接的には，流路単位の形成およびその改変であったり特異的なサブユニットの付加ということになるが，それらは区間スケールでの景観構造にまで明らかに反映される。よって，図3にみた中流域での例とは逆に，上流域での河川景観は森林によってかなり大きく影響されていることになる。

　図4に示したような小規模な川の流路を区間として切り取り，その形態に対して「景観」という言葉を用いるのは少なからず違和感を感じるが，その内部にすむ魚たちの目からすれば，まさに景観の全容となるだろう。そして，彼ら，とくにヤマメやイワナなどの渓流魚は，樹木によって形成された生息場所を巧みに利用する。外敵からの隠れ場所となる倒木でできた淵や立木の根本のえぐれ部はもとより，最初の例としてあげた，枝の周囲に形成される局所的な緩流部は，彼らの定位採餌には好適なポイントとしてよく利用される。局所的な緩流部では，彼らにとっては流れに向かって定位するのが楽であると同時に，その周囲の早い流れが豊富な餌を運んできてくれるからだ。さらに，もっと小さな，水生昆虫などの底生動物の身になれば，樹木から供給される落葉すらもきわめて重要な構造物となる。川に落ちた落葉は，淵の底や流れの脇に沈下したり，もしくは大礫，倒木などに引っかかってパッチ

状に堆積するが，この落葉パッチのなかにはたくさんの底生動物が潜んでいる。彼らの多くは，食物を落葉に依存しており，さらに，落葉を小さく切り取って筒状の巣をつくる者までいる。落葉パッチは，彼らにとっては不可欠な衣食住の場となっているのである。

　こうしてみると，「渓流魚は，渓の住人であると同時に森の住人でもある」ということもより納得できる。川の始まりでは，森は単に川の背景として存在するわけではない。流れのなかでは，多くの生物が森から川への働きかけに依存しながら生活しているのである。また，小さな流れが合流を重ねて大きくなれば，川から森への働きかけも顕著なものとなる。

第15章 森と川のつながり 河川生態系における河畔林の機能

北海道立林業試験場・佐藤弘和

1. 見直される河畔林

　鬱蒼とした森林に囲まれた川。これは北海道の原風景ともいえる景観である。しかし世界でも有数の災害国であるわが国では，川ぞいにある林は洪水時の障害物とみなされ，多くの河川で治水対策のために失われてきた。

　水辺に発達する森林は，総称して水辺林といわれている。さらに水辺林は成立する立地環境などの違いから，渓畔林(河川上流の狭い渓谷部を流れる渓流周辺の狭い氾濫原に発達する林)，河畔林(扇状地や平野部の広い氾濫源に発達する林)，湿地林(湿原や沼地の周辺で水が停滞する場所に成立)に区分されている。本章では，渓畔林・河畔林を一括して広義の意味で「河畔林」とよぶ。河畔林は，ヤナギ類・ハンノキ類やヤチダモ・カツラなどの落葉広葉樹が中心となって構成されている。河畔林は経済林としての価値が低かったため，最近までその存在意義が省みられることはなかった。

　しかしながら欧米では自然景観上，水辺の重要性が認識され1970年代以降，河畔林と魚類にかかわる多くの研究結果をもとに，水辺管理のガイドラインがいち早く作成されている。わが国でも1990年代以降，魚類を中心とする河川生態系に対する河畔林の有用性が理解され，大いに注目されるようになった。最近では，河川生態系に対する保全意識の高まりや河川の親水空間としての機能発揮のため，環境林としての河畔林が見直され，その伐採・

植栽に関するガイドラインが建設省でも提示されるようになった。しかしこうした社会的ニーズの高まりに比べ，河畔林の機能に対する科学的知見はきわめて乏しい。

私が所属する北海道立林業試験場は，河畔林がサクラマスの生息環境に及ぼす影響を北海道立水産孵化場と共同で調査してきた。共同研究は積丹川で行なった。ここは水産動物の採捕が禁止された保護水面である。河畔林があることにより，魚類生息環境がどのようにかわるのかを，共同研究の成果にもとづいて紹介しよう。

2．サクラマス：生活史と生態調査

北太平洋アジア側のごく狭い範囲に分布するサクラマス *Oncorhynchus masou* はサケ目サケ科に属する。河川生活期の幼魚は，体の側面にパーマーク（横斑）がみられるのが特徴である（写真1）。北海道のサケマス類としてはシロザケ *O. keta* が代表的である。サクラマスとシロザケはその生活史

写真1 サクラマス幼魚（長坂　有氏撮影）

が大きく異なっている。産卵床から抜けだしたシロザケの稚魚は，数日間から長くても1カ月前後の河川生活後に降海する。しかしサクラマスは浮上後，川での生活を1〜2年間続け，それから海に降るのである。オスの一部は河川で一生を過ごす陸封型になる*。また川への遡上時期も両種で異なっている。シロザケは秋に遡上するが，サクラマスは春先の融雪増水期に川にはいり，産卵期までの半年間を川のなかで過ごす。

このため，シロザケに比べるとサクラマスは河川環境の変化にともなうさまざまな影響を直接うけやすい魚といえる。またサクラマスの幼魚や陸封型は，ヤマメ（北海道ではヤマベともよばれる）として釣人に人気が高い。海で漁獲されるサクラマスは水産資源としての価値も高いが，多くの増殖努力にもかかわらずその漁獲量は低迷している。川の環境をよくすればサクラマスを増殖できるかもしれないし，山地における渓流環境が良好であるかどうかを判断する指標の魚種としてもサクラマスはふさわしい。

ではサクラマスの生態について，実際にどのような調査が行なわれるのか説明しよう。水産孵化場の方々が中心となって行なった積丹川での調査方法は以下のとおりである。まず魚を捕獲する必要があるが，これには投網と電気漁具を併用する。投網の使用には熟練した技が必要である。水産孵化場の人たちはじつにみごとに投網を投げる。みているとなんでもないようだが，私も一度投げさせてもらったところ，網が思うように広がらずさっぱりであった。投網には広範囲に魚を捕獲できる長所があるが，岸や河道内に草本・木本などが生えている場所では投網が引っかかるため，魚の捕獲が困難である。そのような場所では電気漁具を使用する。これは川に流した電気に魚が引き寄せられる効果を応用したもので，表面積が大きい魚ほど影響が大きいという。私もこの機器で感電した経験をもつが，心臓が止まりそうになるほどの衝撃であった。なお，ちなみにこの機器の使用にあたっては，ゴム手袋や胴付き長靴の着用など十分な感電防止策をとっておかなければひじょうに危険である。

捕獲された魚は麻酔を施した後，尾叉長（口吻から尾鰭の切れ込みまでの

---

*本州や九州では，ほとんどすべてが降海しない陸封型である。

長さ）と体重が測定される。また標識として尾鰭の上部または下部をカットし，採捕した調査区間に放流する。この調査の翌日に再び魚を捕獲し，標識魚の混入率から調査区間内の生息数を計算する。さらにこの調査とは別に，サクラマスの下顎の部分にアクリル塗料を皮下注入し，鰭切りとの組み合せにより2400個体を1尾ずつ識別した個体識別法による調査が，水産孵化場の方々により行なわれた。こうした調査は水産孵化場の人たちのノウハウがなければできないことである。分野が異なる人たちと共同研究をすると，幅の広い知識と技術を身につけることができる。

3. 河川水温に影響を与える河畔林

真山(1995)によると，サクラマス幼魚が活発に餌をとり成長するのは8〜15°Cのときで，日中一時的に25°Cを超える流れのなかで生活していることもあるが，この場合でも18°Cを超すと摂餌が停滞するという。ここでは，河川水温をキーワードとして当年生サクラマス幼魚と河畔林の被陰との関係について紹介する。

1994年と1995年に積丹川4調査区間(St.1〜St.4)で行なった，サクラマス幼魚の尾叉長の季節推移を図1に示す。尾叉長の値は，各調査区間で異なっている。また全調査区間において，月を問わず1994年の体サイズが1995年より小さい値を示している。さらに1994年の7月から8月にかけて，体サイズの増加はほとんどみられず，成長が停滞している傾向があることが読みとれる。このような場所や年による成長の差は，何に起因しているのであろうか。

調査区間による成長の違いは，各区間での餌量や生息密度，水温などの環境要因が異なることに起因すると考えられる。しかし1994年7〜8月の成長停滞がいちじるしいことを考慮すると，真山(1995)が報告したように，河川水温の影響がサクラマス幼魚の成長停滞にかかわったのではないかと考えた。

そこで1994年と1995年の同一地点の夏期河川水温を比較した。1994年7月23日〜8月16日の河川水温は，1995年同期間に比べて高い値であったことがわかった。先に述べた幼魚の摂餌が停滞する水温18°C以上を示した累

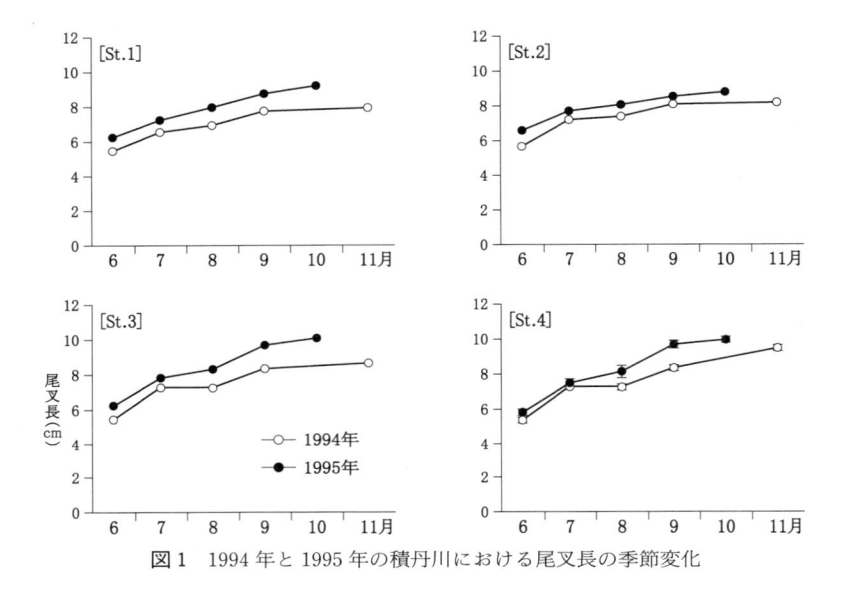

図1 1994年と1995年の積丹川における尾叉長の季節変化

積時間を比較すると，1994年では600時間中472時間であるのに対し1995年では148時間となり，圧倒的に1994年の夏期河川水温は高かったといえる。どうやら両年の夏期河川水温の差が，サクラマス幼魚の成長停滞を引き起こした要因と考えて間違いなさそうである。では「サクラマス幼魚の成長が停滞する水温は，いったい何℃であるのか」を明らかにする必要がある。

そこでサクラマス幼魚の成長の度合いを示す瞬間成長係数(SGR)と河川水温について統計解析を試みた。

SGRは次の式で表わされる。

$$\mathrm{SGR} = \frac{\ln(w_2) - \ln(w_1)}{t_2 - t_1}$$

ここで t_1 時の体重を w_1，t_2 時の体重を w_2 とする。一方，サクラマス幼魚の成長に対する水温の累積効果を考慮して，16℃以上の累積時間，18℃以上の累積時間，……，28℃以上の累積時間と，2℃刻みの累積時間を1994年7月23日〜8月16日の河川水温からそれぞれ求めた。そしてそれぞれの川の区間におけるSGRを従属変数，水温の累積時間を独立変数として，単回帰

分析をそれぞれの刻み値ごとに行なった。その結果，累積時間が長いほどSGRが低くなるという有意な負の傾きをもつ回帰式は，24℃以上の累積時間を独立変数とした場合にみられた。つまり，24℃という値がサクラマスの成長に悪影響を及ぼす閾値であるといえる。

　これをさらに検証するため，水温とサクラマス幼魚の摂食行動との関係について水槽実験を行なった。

　水槽内にサクラマス幼魚を1尾ずついれ，積丹川で測定された河川水温を参考にし，16℃から6時間でそれぞれ18℃，20℃，……，26℃まで水温を上昇させ，そのときの幼魚の摂食行動を観察した。その結果，16℃から始まり24℃まで上昇させると，餌を食べなくなる個体が現われ始め，26℃まで上昇させるとほとんどの個体で餌を食べなくなった（鷹見・佐藤，1998）。さらに行動観察の結果，水温を22℃まで上昇させた場合，幼魚はほとんど動かずにじっとしている定位行動がみられたが，24℃には餌を食べる反応が鈍くなり，26℃の場合には水槽内を幼魚が激しく泳ぎまわり，なかには水槽から飛びだして死亡した個体があった。高水温はサクラマス幼魚にとって相当なストレスとなるようである。同様の水槽実験により，同じサケ科の仲間であるオショロコマが16℃で摂食停滞し20℃で死亡すること，またアメマスが24℃で摂食停滞し26℃で死亡することが明らかになっている（Takami et al., 1997）。サクラマスを含むサケ科魚類が高水温に弱い魚であることは，室内実験からも明らかである。

　つぎに河畔林と河川水温の関係について考えよう。河畔林は日射を遮断することで，河川水温の上昇と変動を抑制することが知られている（中村・百海，1989）。河畔林の被陰率が異なる積丹川3調査区間の日最高水温と日水温較差（＝日最高水温−日最低水温）の関係をみると（図2），被陰率が高い調査区間ほど日最高水温と日水温較差が小さく，点のばらつき（期間内変動を表わす）ももっとも少ない。また河畔林のない区間では，水温が24℃を超える部分が形成されていたこともわかった。このように河畔林の被陰が，河川水温の上昇・変動に対して抑制効果があることは確かである。また河畔林がない区間が存在すると水温が上昇し，冷水魚の生息が困難になる温度障壁（北野ほか，1995）を形成する場合がある。一度開放区間で上昇した河川水温

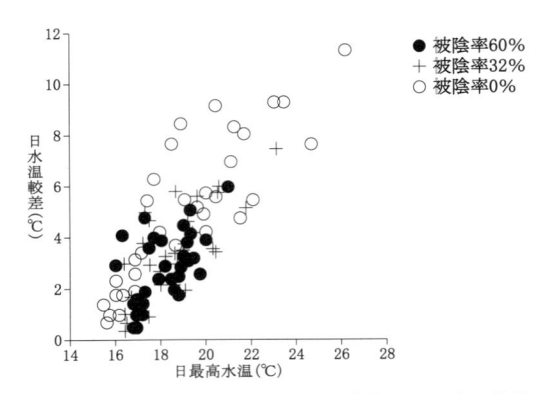

図2 被陰率が異なる区間における日最高水温と日水温較差の関係
（1995年7月20日〜8月23日）

は，その下流に河畔林があった場合，河床への伝導などが冷却を引き起こしたり，水温がより低い支流や地下水の流入があれば温度が下がる。しかし，河幅が大きく流量が少ない河川では，連続した河畔林を維持する必要がある。

4. カバー機能をもつ河畔林

電気漁具でサクラマス幼魚を捕獲すると，岸からヤナギが張りだしている下や，河川に水没している木本・草本のなか，さらに水中に生育するツルヨシ，バイカモのなかなどから吸い寄せられてくることが多い。どうやらサクラマスは，水没した木本や草本，水中植生などに身を潜める傾向がある。そこでサクラマスにとって隠れ場（カバー）を提供する河畔植生の効果について紹介する。

林業試験場の長坂有さんは，サクラマスの居場所を押さえるために，シュノーケリングによる潜水調査を行なった（長坂，1996）。この調査は，昼間はドライスーツやウェットスーツを着込み，川のなかを這うように移動してサクラマス幼魚がいた位置にピンを打っていく方法である。夜間は水中に沈めたサーチライトで河床と並行に水中を照射しながら調査地を遡行し，幼魚の発見場所をマークした。

積丹川の河川改修された直線河道区間でこの調査（1995年8月と9月）を

行なった結果，昼間はツルヨシのわきやヤナギの下にサクラマス幼魚が多く観察されたが，植生のないオープンな場所では少なかった。夜間は調査区間内にランダム分布しており，昼間に比べ利用場所の選好性はあまりないようであった。そこで幼魚が自身を隠せるようなカバーが 50 cm 以内にある場所を選択しているか否かを，流速も併せて考慮したうえで評価したところ，サクラマス幼魚は流速の値にかかわらず，昼間ではカバー近くの場所を選好しているが，夜間では明瞭な選好性は認められなかった。このような昼夜のカバー選好性の違いは，鳥類などの外敵から避難する場所の必要性によると考えられる。

　水産孵化場の永田光博さんらは，河道を 1 m×1 m のユニットに区分し，ユニット内のサクラマス稚魚の生息数を調べると同時に，各ユニットの流速，水深，カバー，底質を測定した。この結果，4月と5月（融雪増水期）の調査では，全ユニットの 70% 以上が水中カバー度 0% であったにもかかわらず，サクラマス稚魚が生息した場所で水中カバーが存在しなかった割合は5月で 4.5% と，ほとんどのサクラマス稚魚が水中カバーの存在する場所を選択していた（永田ほか，1998）。さらに同時期，サクラマス稚魚は流速の遅い場所に多かった。融雪増水期は，岸側に繁茂した水生植物や樹木の水面への倒伏部分が障害物となるため岸側の流速がゆるくなり，このような場所が浮上後間もない遊泳力の乏しいサクラマス稚魚の生息空間として適しているのだろう（永田ほか，1998）。このように河岸植生は，サクラマスの隠れ場を提供すると同時に，流れを緩和して生息空間を形成する機能がある。

　では「カバーがない場所に人工的にカバーをつくると，サクラマスはそこを好んで利用するのであろうか」。この命題について，長坂さんは人工的にカバーを設置し，潜水調査によりサクラマスのカバー利用状況を調べることで解決しようと試みた。人工カバーとして，70 cm×70 cm の木枠に寒冷紗というネットを張りつけたものと，鉄杭にナガバヤナギの枝を引っかけたものを用意した。そして潜水調査を行なった結果，カバーのない対照区に比べ処理区では生息密度が1.5倍に増加し，とくに水中に浮かせたヤナギの枝に幼魚が多く確認され，1本あたり 2.7 尾の幼魚が観察された（写真2）。

214　第Ⅳ部　生態系としての森林

写真2　ヤナギの人工カバーに定着しているサクラマス幼魚（長坂　有氏撮影）

5．餌供給源としての河畔林

　秋になると，森林河川内に落葉が堆積しているのがよくみられる。春先には，前年に供給された落葉にトビケラ幼虫などの水生昆虫が群がり，葉脈を残してきれいに葉が食べられているようすが伺える。落葉は水生昆虫の幼虫の餌となり，さらに水生昆虫は，サクラマス幼魚の餌となる。また河畔林の葉から直接水面に落下した陸生昆虫は，川を流れるあいだに魚類に捕獲される。ここでは落葉の分解過程の研究と，サクラマスが実際に何を食べていたのかについて紹介する。

　林業試験場の柳井清治さんは，道南の渡島半島南部の原木川で，水生昆虫による落葉の分解過程について詳細な調査を行なった。その結果，樹種ごとの残存率に差がみられた。ケヤマハンノキはもっとも分解されやすく，ついでシラカンバ，サワシバ，イタヤカエデ，ヤナギ属と続き，ミズナラ，ホオノキ，ブナ，トチノキが分解の遅いグループになる。また落葉の分解要因には水生昆虫による被食と水溶成分の溶出や微生物による分解があり，前者は分解率

の5〜40%，後者は5〜30%を占めていた．さらに全体的に葉中の炭素と窒素の比率(C‐N比)と葉の分解速度には負の相関関係があることも指摘されている(柳井・寺沢，1995)．落葉は河川内における食物連鎖の初期段階の1つであり，サクラマスの成長を支えるうえで重要な働きをもっているといえる．

ふたたび積丹川に戻って，長坂さんと柳井さんが中心になって行なった，水生・陸生動物とサクラマスの胃内容物の関係について，1994年に調査した結果を示そう．

サクラマスの胃内容物を調べるのには，ストマックポンプを使って強制的に胃内容物を口から吐かせる方法と，胃を直接切りだして調べる方法とがある．この調査では後者の方法を用いた．

1994年6〜11月に5調査区間で調べた胃内容物中に占める水生・陸生動物の割合をみると，6月に陸生よりも水生動物を多く摂食している場合が多く，調査区間をひとまとめにしてみると胃内容物全体に対する陸生動物の割合が約20%であった．しかし11月には，胃内容物のうち消化物を除く51%が陸生動物であった．河畔林のある区間では，6〜7月に陸生動物であるガの幼虫が多く食べられている．河川内に設置した水盤トラップ(お盆状の容器に洗剤いりの水をいれたもの)によって捕捉された6月の落下昆虫量をみると，河畔林がある区間でガの幼虫やコウチュウなどが捕捉されているのに対して，河畔林のない区間にはハエやカのように飛来する昆虫が大部分であった．対照的に6〜7月の河畔林がない区間の胃内容物は，ガガンボ，ユスリカなどの割合が高かった．また秋から初冬にかけて，サクラマスの摂食は旺盛に行なわれており，ワラジムシ，ミミズ，サケの卵，ヨコエビなどが食われていた(長坂，1997)．

このように季節によって，場所によって，あるいは魚の好みなどによって胃内容物はかわるので，結果の解釈は難しい．今後は実験なども取りいれながら，この問題に取りくんでいきたい．

6．河川生態系に及ぼす河畔林の諸機能

今まで述べてきたように，河畔林の樹冠による被陰効果は，冷水魚である

サクラマスの成長を抑制させないうえで重要である（図3）。また河畔林を含む河畔植生は被陰空間をつくり，外敵から身を守る隠れ場としての機能を有する。さらに河畔林から供給される落葉は，水生動物の餌となり，葉から直接落下する陸生昆虫も魚の餌となる。このほかにも河畔林にはいろいろな機能がある。河畔林の木が倒れることによって，流れを部分的にせきとめ，淵ができる。瀬や淵ができると流れは多様になる。流れが多様化し，川のなかにさまざまな場ができると，サクラマスは餌を取る空間や越冬する空間，あるいは避難するための空間としてそれらを利用する。さらにサクラマスは淵尻に産卵床を形成することが多く，カバーのある場所にも産卵床が多いことが柳井さんらの研究で明らかになっている（柳井ほか，1994）。多様な流れとカバーはサクラマスの生息・成長・産卵に大きな影響を及ぼしている。さらに河畔林は，流れてくる土砂を捕捉したり，汚濁物質を落葉層や土壌で濾過したりすることによって水質浄化に寄与している。これは水質汚濁物質の過剰流出を阻止するうえで重要である。

　ある河川区間の河畔林が伐採され，サクラマスの生息環境がいちじるしく悪化した場合を考えてみよう。こうした状況を想定したとき，「サクラマスは川を自由に泳ぎまわれるのだから，河畔林が残っている場へ移動すればよいのでは？」という意見も当然ある。しかし先に述べた個体識別調査では，この意見を否定する興味深い結果がえられている。それによると，当年生サ

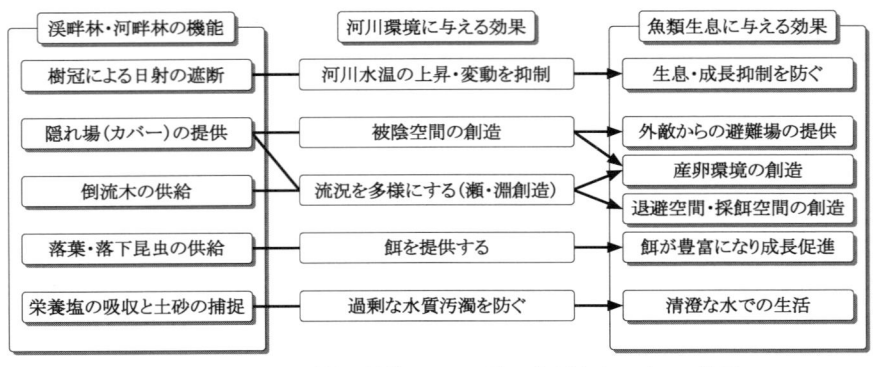

渓畔林・河畔林の機能	河川環境に与える効果	魚類生息に与える効果
樹冠による日射の遮断	河川水温の上昇・変動を抑制	生息・成長抑制を防ぐ
隠れ場（カバー）の提供	被陰空間の創造	外敵からの避難場の提供
倒流木の供給	流況を多様にする（瀬・淵創造）	産卵環境の創造
		退避空間・採餌空間の創造
落葉・落下昆虫の供給	餌を提供する	餌が豊富になり成長促進
栄養塩の吸収と土砂の捕捉	過剰な水質汚濁を防ぐ	清澄な水での生活

図3　渓畔林・河畔林の機能と河川環境・魚類生息に及ぼす効果

クラマス幼魚個体の約70％は，河道距離にして20 m以下の範囲しか移動せず，100 mを超えて移動した個体は全体の15％以下であった（青山ほか，1998）。これより，サクラマス幼魚はきわめて定着性の強い魚であることが明らかになった。このことから，河川へ浮上したサクラマス稚魚の生息・成長はその場の環境に強く左右され，さらに幼魚時代に生息環境が悪化した場合にはサクラマスの生存が脅かされる可能性が高い。またサクラマス幼魚は1年目を河川の上流域で生活するが，2年目の春には川を下りながら急速に成長して銀毛変態をとげる。したがって，一部の区間だけでなく源頭から河口までの河川環境全体を保全ないし改善する必要がある。

　サクラマスの生息に及ぼす河畔林の諸機能について，いくつかの問題が残されている。たとえば河畔林の被陰率がある。河川水温の点から，河畔林の被陰率が高い方がよいことを述べたが，一方で高被陰率は一次生産物である付着藻類の光合成を阻害する可能性がある（佐藤，1996）。河川水温の上昇抑制効果と河川生態系の維持に必要な一次生産量の供給とのバランスをとる河畔林の被陰率を，源流〜河口までの河川全体を通じて考える必要がある。

　このほかにも河川生態系にとって有効な河畔林帯幅を求める必要がある。アメリカ合衆国森林局では，河畔林が緩衝帯として及ぼす影響幅について，根張り，落葉供給，倒流木の供給，被陰の4効果を対象にその積算効果と河畔林の樹高を1とした場合の川からの距離の関係を示している（柳井，1997）。これによると，100％の積算効果をえるためには，樹高と同じ林帯幅が必要なことがわかる。わが国ではこうした指標はえられていない。流域の上流部では経済林とのかねあいから，中下流部では農地や住宅地などの土地利用との関係から，河川環境保全に効果的な河畔林帯幅を決定することが早急に求められている。科学的知見から河畔林の被陰率，河畔林帯幅を求めることができれば，今後の河川管理指針をえるうえで重要な情報となる。

　河畔林の機能に関して，まだまだ研究する余地は多く残されている。そして研究成果が蓄積され，それにもとづく河川の管理指針が完成したとき，河川生態系にとって良好な河川環境を維持・再生することが可能になるであろう。

引用・参考文献

[熱帯雨林における植物の開花・繁殖様式]

Appanah, S. and H. T. Chan. 1981. Thrips: the pollinators of some dipterocarps. Malaysian Forester, 44: 37-42.

Ashton, P. S. 1991. Toward a regional classification of the humid tropics of Asia. Tropics, 1: 1-12.

Ashton, P. S., T. J. Givnish and S. Appanah. 1988. Staggered flowering in the Dipterocarpaceae: New insights into floral induction and the evolution of mast fruiting in the aseasonal tropics. Am. Nat., 132: 44-66.

Iwasa, Y. and H. Mochizuki. 1988. Probability of population extinction accompanying a temporary decreace of population size. Res. Pop. Ecol., 30: 145-164.

Janzen, D. H. 1974. Tropical blackwater rivers, animals and mast fruiting by the Dipterocarpaceae. Biotropica, 6: 69-103.

Manokaran, N. and K. M. Kochummen. 1987. Recruitment, growth and mortality of tree species in a lowland dipterocarp forest in Peninsular Malaysia. J. Trop. Ecol., 3: 315-330.

Momose, K., R. Ishii, S. Sakai and T. Inoue. 1998a. Plant reproductive intervals and pollinators in the aseasonal tropics: a new model. Proc. Royal Soc. B., 265: 2335-2339.

Momose, K., T. Yumoto, T. Nagamitsu, M. Kato, H. Nagamasu, S. Sakai, R. D. Harrison, T. Itioka, A. A. Hamid and T. Inoue. 1998b. Pollination biology in a lowland dipterocarp forest in Sarawak, Malaysia. I. Characteristics of the plant-pollinator community in a lowland dipterocarp forest. Am. J. Bot., 85: 1477-1501.

Sakai, S., K. Momose, T. Inoue and A. A. Hamid. 1997. Climate data in Lambir Hills National Park and Miri Airport, Sarawak. In "General Flowering of Tropical Rainforests in Sarawak" (eds. Inoue, T. and A. A. Hamid). CBPS Series II, pp. 1-10. Center for Ecological Research, Kyoto University, Otsu.

Sakai, S., K. Momose, T. Yumoto, M. Kato and T. Inoue. 1999a. Beetle Pollination of Shorea parvifolia (section Mutica, Dipterocarpaceae) in a general flowering period in Sarawak, Malaysia. Am. J. Bot., 86: 62-69.

Sakai, S., K. Momose, T. Yumoto, T. Nagamitsu, H. Nagamasu, A. A. Hamid and T. Nakashizuka. 1999b. Plant reproductive phenology over four years including an episode of general flowering in a lowland dipterocarp forest, Sarawak, Malaysia. Am. J. Bot., 86: 1414-1436.

Whitmore, T. C. 1984. Tropical rain forests of the Far East.(2nd ed.). 352 pp. Clarendon Press. Oxford, U. K.

安田雅俊．1998．東南アジア熱帯雨林における一斉開花結実現象の至近要因と進化要因．地球環境，3：11-20．

[冷温帯落葉広葉樹林における樹木の開花と結実]

Bassow, S. L. and F. A. Bazzaz. 1997. Intra- and inter-specific variation in canopy

photosynthesis in a mixed decidous forest. Oecologia, 109: 507-515.
de Jong, T. J., P. G. L. Klinkhamer and M. J. van Staalduinen. 1992. The consequences of pollination biology for selection of mass or extended blooming. Functional Ecology, 6: 606-615.
Emms, S. K., D. A. Stratton and A. A. Snow. 1997. The effect of inflorescence size on male fitness: experimental tests in the andromonoecous lily, *Zigadenus paniculatus*. Evolution, 51: 1481-1489.
Geber, M. A. 1985. The relationship of plant size to self-pollination in *Mertensia ciliata*. Ecology, 66: 762-772.
House, S. M. 1992. Population density and fruit set in three dioecious tree species in Australian tropical rain forest. J. Ecol., 80: 57-69.
Kato, E. and T. Hiura. 1999. Fruit set in *Styrax obassia* (Styracaceae): the effect of light availability, display size, and local floral density. Am. J. Bot., 86: 495-501.
菊沢喜八郎. 1995. 植物の繁殖生態学. 283 pp. 蒼樹書房.
Klinkhamer, P. G. L. and T. J. de Jong. 1993. Attractiveness to pollinators: a plant's dilemma. Oikos, 66: 180-184.
Lee, T. D. 1988. Patterns of fruit and seed production. In "Plant Reproductive Ecology" (eds. Lovett Doust, J. and L. Lovett Doust), pp. 179-202. Oxford University Press. New York.
Lowman, M. D. and P. K. Wittman. 1996. Forest canopies: methods, hypotheses, and future directions. Annu. Rev. Ecol. Syst., 27: 55-81.
Niesenbaum, R. A. 1993. Light or pollen-seasonal limitations on female reproductive success in the understory shrub *Lindera benzoin*. J. Ecol., 81: 315-323.
Schaffer, W. M. and M. V. Schaffer. 1979. The adaptive significance of variations in reproductive habit in the Agaveaceae 2: Pollinator foraging behavior and selection for increased reproductive expenditure. Ecology, 60: 1051-1069.
Schoen, D. J. and M. Dubuc. 1990. The evolution of inflorescence size and number: a gamet-packaging strategy in plants. Am. Nat., 135: 841-857.
Sir, Andrew and M.-S. Baltus. 1987. Patch size, pollinator behavior, and pollinator limitation in catnip. Ecology, 68: 1679-1690.
Tamura, S. and T. Hiura. 1998. Proximate factors affecting fruit set and seed mass of *Styrax obassia* in a masting year. Ecoscience, 5: 100-107.
Willson, M. F. and P. W. Price. 1977. The evolution of inflorescence size in *Asclepias* (Asclepiadaeae). Evolution, 31: 495-511.

[冷温帯落葉広葉樹林における種子散布]

阿部真. 1996. 亜高木性樹種ハクウンボクの生活史および撹乱依存性の評価. 110 pp. 東京大学農学系研究科博士論文.
Clark, D. A. and D. B. Clark. 1984. Spacing dynamics of a tropical rain forest tree: Evaluation of the Janzen-Connel model. American Naturalist, 124: 769-788.
Dalling, 1998. Dispersal Patterns and seed bank dynamics of pioneer trees in moist tropical forest. Ecology, 79(2): 564-578.
Howe, H. F. and J. Smallwood. 1982. Ecology of seed dispersal. Ann. Rev. Ecol. Syst., 13: 201-228.
Iida, S. 1996. Quantitative analysis of acorn transportation by rodents using mag-

netic locator. Vegetatio, 124: 39-43.
Iida, S. and T. Nakashizuka. 1998. Spatial and temporal dispersal of *Kalopanax pictus* seeds in a temperate deciduous forest, central Japan. Plant Ecology, 135: 243-248.
菊沢喜八郎．1995．植物の繁殖生態学．283 pp. 蒼樹書房．
Maeto, K. and K. Fukuyama. 1997. Mature tree effect of *Acer mono* on the seedling mortality due to insect herbivory. Ecological Research, 12: 337-347.
正木隆．1993．ミズキの生活史と個体群の維持機構：とくに鳥による種子散布の評価．160 pp. 東京大学農学研究科博士論文．
Masaki, T., Y. Kominami and T. Nakashizuka. 1994. Spatial and seasonal patterns of seed dissemination of *Cornus controversa* in a temperate forest. Ecology, 75 (7): 1903-1910.
Masaki, T., H. Tanaka, M. Shibata and T. Nakashizuka. 1998. The seed bank dynamics of *Cornus controversa* and their role in regeneration. Seed Sci. Res., 8: 53-63.
箕口秀夫．1993．野ネズミによる種子散布の生態的特性．動物と植物の利用しあう関係（鷲谷いづみ・大串隆之編），pp. 236-253. 平凡社．
Nakashizuka, T., S. Iida, T. Masaki, M. Shibata and H. Tanaka. 1995. Evaluating increased fitness through dispersal: A comparative study on tree population in a temperate forest, Japan. Ecoscience, 2 (3): 245-251.
大河原恭祐．1999．なぜアリ散布が進化したのか．種子散布〈助けあいの進化論2〉動物たちがつくる森（上田恵介編），pp. 118-132. 築地書館．
Shibata, M. and T. Nakashizuka. 1995. Seed and seedlig demography of co-occurring *Carpinus* species in a temperate desiduous forest. Ecology, 76 (4): 1099-1108.
Tanaka, H. 1995. Seed demography of tree co-occurring *Acer* species in a Japanese temperate deciduous forest. J. Veg. Sci., 6: 887-896.
Tanaka, H., M. Shibata and T. Nakashizuka. 1998. A Mechanistic approach for evaluating the role of wind dispersal in tree population dynamics. J. Sustain. For., 6(1/2): 155-174.
Willson, M. F. 1992. The ecology of seed dispersal. In "Seeds: The ecology of regeneration in plant communities" (ed. Fenner, M.), pp. 61-85. CAB International. Wallingford.

［森の果実と鳥の季節］

Beaman, J. H. 1996. Evolution and phytogeography of the Kinabalu flora. In "Kinabalu: summit of Borneo" (eds. Wong, K. M. and A. Phillipps), pp. 1-95. The Sabah Society. Sabah, Malaysia.
Bullock, S. H. and J. A. Solis-Magallanes, 1990. Phenology of canopy trees of a tropical deciduous forest in Mexico. Biotropica, 22: 22-35.
de Lampe, M. G., Y. Bergeron, R. McNail and A. Leduc, 1992. Seasonal flowering and fruiting patterns in tropical semi-arid vegetation of northeastern Venezuela. Biotropica, 24: 64-76.
Fuentes, M. 1992. Latitudinal and elevational variation in fruiting phenology among western European bird-dispersed plants. Ecography, 15: 177-183.

Herrera, C. M. 1984. A study of avian frugivores, bird-dispersed plants, and their interaction in Mediterranian scrublands. Ecol. Monogr., 54: 1-23.

Hilty, S. L. 1980. Flowering and fruiting periodicity in a premontane rain forest in Pacific Colombia. Biotropica, 12: 292-306.

Jenkins, D. V. and G. S. de Silva. 1996. An annotated checklist of the birds of Kinabalu park. In "Kinabalu: summit of Borneo" (eds. Wong, K. M. and A. Phillipps), pp. 397-398. The Sabah Society. Sabah, Malaysia.

Kai, K. H. 1996. Seasonality of forest birds in Hong Kong, pp. 40, 91. Ph.D. thesis. University of Hong Kong.

木村一也. 1996. 六甲山二次林における果実のフェノロジー：液果と果食性鳥類の関係を中心にして，p. 8. 神戸大学自然科学研究科修士論文.

Kitayama, K. 1992. An altitudinal transect study of the vegetation on Mount Kinabalu, Borneo. Vegetatio, 102: 149-171.

Kominami, Y. 1987. Removal of *Viburnum dilatatum* fruit by avian frugivores. Ecological Review, 21: 101-106.

Lack, D. 1965. Enjoying Ornithology（蓮尾純子訳. 1991. 鳥学の世界へようこそ，pp. 58-59. 平河出版社）.

Leighton, M. and D. R. Leighton. 1983. Vertebrate responses to fruiting seasonality in a Bornean rain forest. In "Tropical rain forest: ecology and management"(eds. Sutton, S. L., T. C. Whitmore and A. C. Chadwick), pp. 181-196. Blackwell Scientific Publications. Oxford.

Lieberman, D. 1982. Seasonality and phenology in a dry tropical forest in Ghana. Jour. Ecol., 70: 791-806.

Loiselle, B. A. and J. G. Blake. 1991. Temporal variation in birds and fruits along an elevational gradient in Costa Rica. Ecology, 72: 180-193.

Machado, I. C. S., L. M. Barros and E. V. S. B. Sampaio. 1997. Phenology of Caatinga species at Serra Talhada, PE, northeastern Brazil. Biotropica, 29: 57-68.

MacKinnon, J. and K. Phillipps. 1993. A field guide to birds of Borneo, Sumatra, Java, and Bali. 17pp. Oxford University Press. New York.

McClure, H. E. 1998. Migration and survival of the birds of Asia, pp. 7-8. White Lotus Co., Ltd. Bangkok.

Newton, I. and L. Dale. 1996. Relationship between migration and latitude among west European birds. J. Anim. Ecol., 65: 137-146.

Noma, N. and T. Yumoto, 1997. Fruiting phenology of animal-dispersed plants in response to winter migration of frugivores in a warm temperate forest on Yakushima Island, Japan. Ecol. Res., 12: 119-129.

Sorensen, A. E. 1981. Interactions between birds and fruit in a temperate woodland. Oecologia, 50: 242-249.

Stapanian, M. A. 1982. Evolution of fruiting strategies among freshy-fruited plant species of eastern Knasas. Ecology, 63: 1422-1431.

Thompson, J. N. and M. F. Willson. 1979. Evolution of temperate fruit/bird interactions: phenological strategies. Evolution, 33: 973-982.

White, L. J. T. 1994. Patterns of fruit-fall phenology in the Lope Reserve, Gabon. J. Trop. Ecol., 10: 289-312.

Willson M. F. and C. J. Whelan. 1993. Variation of dispersal phenology in a bird-dispersed shrub, *Cornus drummondii*. Ecol. Monogr., 63: 151-172.

[マレーシア半島の熱帯低地雨林に果実-果実食者の関係を探る]
Chapman, L. J., C. A. Chapman and R. W. Wrangham. 1992. *Balanites wilsoniana*: elephant dependent dispersal? J. Trop. Ecol., 8: 275-283.
Gautier-Hion, A., J. -M. Duplantier, R. Quris, F. Feer, C. Sourd, J. -P. Decoux, G. Dubost, L. Emmons, C. Erard, P. Hecketsweiler, C. Moungazi and J. -M. Thiollay. 1985. Fruit characters as a basis of fruit choice and seed dispersal in a tropical forest vertebrate community. Oecologia, 65: 324-337.
Howe, H. F. and L. C. Westley. 1988. Ecological relationships of plants and animals. 273pp. Oxford University Press. New York.
Julliot, C. 1996. Fruit choice by red howler monkeys (*Alouatta seniculus*) in a tropical rain forest. Am. J. Primatol., 40: 261-282.
小林四郎. 1995. 生物群集の多変量解析. 194pp. 蒼樹書房.
Manokaran, N., J. V. LaFrankie, K. M. Kochummen, E. S. Quah, J. E. Klahn, P. S. Ashton and S. P. Hubbell. 1992. Stand table and distribution of species in the 50-ha research plot at Pasoh forest reserve. FRIM Research Data No.1. 454pp. Forest Research Institute Malaysia, Kuala Lumpur.
Miura, S., M. Yasuda and L. Ratnam. 1997. Who steals the fruit? Malay. Nat. J., 50: 183-193.
Tilman, D. and R. M. May. 1982. Resource competition and community structure. 296pp. Princeton University Press. Princeton.
Vander Wall, S. B. 1990. Food hoarding in animals. 445pp. University of Chicago Press. Chicago.
Yasuda, M. 1998. Community ecology of small mammals in a tropical rain forest of Malaysia, with special reference to habitat preference, frugivory and population dynamics. 179pp. Ph.D. Thesis submitted to The University of Tokyo. unpublished.
Yasuda, M., S. Miura and H. Nor Azman. 2000. Evidence for food hoarding behaviour in terrestrial rodents in Pasoh Forest Reserve, a Malaysian lowland rain forest. J. Trop. For. Sci., 12: 164-173.

[萌芽をだしながら急斜面に生きるフサザクラ]
Crook, M. J. and A. R. Ennos. 1998. The increase in anchorage with tree size of the tropical tap rooted tree *Mallotus wrayi*, King (Euphorbiaceae). Ann. Bot., 82: 291-296.
Crow, T. R. 1988. Reproductive mode and mechanisms for self-replacement of northern red oak(*Quercus rubra*): a review. For. Sci., 34: 19-40.
Hara, M., K. Hirata, M. Fujihara and K. Oono. 1996. Vegetation structure in relation to micro-landform in an evergreen broad-leaved forest on Amami Ohshima Island, south-west Japan. Ecol. Res., 11: 325-337.
Homma, K. 1997. Effects of snow pressure on growth form and life history of tree species in Japanese beech forest. J. Veg. Sci., 8: 781-788.
Ishii, R. and M. Higashi. 1997. Tree coexistence on a slope: an adaptive significance of trunk inclination. Proc. R. Soc. Lond. B, 264: 133-140.
Iwasa, Y. and T. Kubo. 1997. Optimal size of storage for recovery after unpredict-

able disturbances. Evol. Ecol., 11: 41-65.
苅住昇. 1979. 樹木根系大図説. 1121 pp. 誠文堂新光社.
Kozlowski, T. T. 1971. Growth and development of trees. Vol.1. Seed germination, ontogeny, and shoot growth. 443pp. Academic Press. New York.
Kruger, E. L. and P. B. Reich. 1993. Coppicing affects growth, root:shoot relations and ecophysiology of potted *Quercus rubra* seedlings. Physiol. Plant., 89: 751-760.
熊谷宏尚・高橋啓二・沖津進. 1992. 千葉県における木本植物の分布. 千葉大園芸学術報告, 45：79-128.
松井健・武内和彦・田村俊和. 1990. 丘陵地の自然環境：その特性と保全. 202 pp. 古今書院.
峯苦栄子・玉泉幸一郎・斎藤明. 1998. 海岸クロマツ林に生育するアカメガシワ(*Mallotus japonicus* (Thunb.) Muell. Arg.)とハゼノキ(*Rhus succedanea* L.)の分布様式. 九大農演集林報告, 78：1-11.
Mishio, M. and N. Kawakubo. 1998. Ramet production by *Mallotus japonicus*, a common pioneer tree in temperate Japan. J. Plant Res., 111: 459-462.
Nagamatsu, D. and O. Miura. 1997. Soil disturbance regime in relation to micro-scale landforms and its effects on vegetation structure in a hilly area in Japan. Plant Ecol., 133: 191-200.
大沢雅彦. 1988. 清澄山の植物. 日本の生物, 2(12)：35-40.
酒井暁子. 1997. 高木性樹木における萌芽の生態学的意味：生活史戦略としての萌芽戦略. 種生物学研究, 21：1-12.
Sakai, A. and M. Ohsawa. 1993. Vegetation pattern and microtopography on a landslide scar of Mt Kiyosumi, central Japan. Ecol. Res., 1993, 8: 47-56.
Sakai, A. and M. Ohsawa. 1994. Topographical pattern of the forest vegetation on a river basin in a warm-temperate hilly region, central Japan. Ecol. Res., 9: 269-280.
Sakai, A., T. Ohsawa and M. Ohsawa. 1995. Adaptive significance of sprouting of *Euptelea polyandra*, a deciduous tree growing on steep slopes with shallow soil. J. Plant Res., 108: 377-386.
Sakai, A., S. Sakai and F. Akiyama. 1997. Do sprouting tree species on erosion-prone sites carry large reserves of resources? Ann. Bot., 79: 625-630.
Sakai, A. and S. Sakai. 1998. A test for the resource remobilization hypothesis: tree sprouting using carbohydrates from above-ground parts. Ann. Bot., 82: 213-216.
島田和則. 1994. 高尾山における先駆性高木種5種の地形分布と樹形の意義. 日本生態学会誌, 44：293-304.
Stokes, A., J. Ball, A. H. Fitter, P. Brain and M. P. Coutts. 1996. An experimental investigation of the resistance of model root systems to uprooting. Ann. Bot., 78: 415-421.
津田智. 1995. 火の生態学：植物群落の再生を中心として. 日本生態学会誌, 45：145-159.
Walters, M. B., E. L. Kruger and P. B. Reich. 1993. Relative growth rate in relation to physiological and morphological traits for northern hardwood tree seedlings: species, light environment and ontogenetic considerations. Oecologia, 96: 219-231.

［熱帯雨林におけるフネミノキの樹形変化］
Chazdon, R. L. 1985. Leaf display, canopy structure, and light interception of two understory palm species. Amer. J. Bot., 72: 1493-1502.

Givnish, T. J. 1978. On the adaptive significance of compound leave, with particular reference to tropical rain trees. In "Tropical Trees as Living Systems" (eds. Tomlinson, P. B. and M. H. Zimmermann), pp. 351-380. Cambridge Univ. Press. Cambridge.

Halle, F., Oldeman, R. A. A. and Tomlinson, P. B. 1978. Tropical Trees and Forests. 441pp. Springer-Verlag. New York.

Horn, H.S. 1971. The Adaptive Geometry of Trees. 144pp. Princeton Univ. Press. Princeton.

矢吹萬寿. 1985. 植物の動的環境. 200 pp. 朝倉書店.

Yamada, T. and Suzuki, E. 1996. Ontogenic change in leaf shape and crown form of a tropical tree, *Scaphium macropodum* (Sterculiaceae) in Borneo. J. Plant. Res., 109: 219-225.

Yamada, T. and Suzuki, E. 1998. Plasticity of biomass allocation and tree form in relation to light environment of a tropical tree, *Scaphium macropodum* (Sterculiaceae) in Borneo. Tropics, 7: 173-182.

Yoda, K. 1974. Three-dimensional distribution of light intensity in a tropical rain forest of West Malaysia. Jap. J. Ecol., 24: 247-254.

[ミズナラの実生定着と空間分布を規定する昆虫と野ネズミ]

Crawley, M. J. 1992. Seed predators and plant population dynamics. In "SEEDS. The ecology of regeneration in plant communities" (ed. Fenner, M.), pp. 157-191. C. A. B. International. Wallingford.

Elkinton, J. S., W. M. Healy, J. P. Buonaccorsi, G. H. Boettner, A. M. Hazzard, H. R. Smith and A. M. Liebhold. 1996. Interactions among gypsy moths, white-footed mice, and acorns. Ecology, 77: 2332-2342.

Humphrey, J. W. and M. D. Swaine. 1997. Factors affecting the natural regeneration of *Quercus* in Scottish oakwoods. II. Insect defoliation of trees and seedlings. J. Appl. Ecol., 34: 585-593.

Ida, H. and N. Nakagoshi. 1996. Gnawing damage by rodents to the seedlings of *Fagus crenata* and *Quercus mongolica* var. *grosseserrata* in a temperate *Sasa* grassland-deciduous forest series in southwestern Japan. Eco. Res., 11: 97-104.

Imaizumi, Y. 1979. Seed storing behavior of *Apodemus speciosus* and *Apodemus argenteus*. Zool. Mag., Tokyo, 88: 43-49.

Jensen, T. S. and O. F. Nielsen. 1986. Rodents as seed dispersers in a heath-oak wood succession. Oecologia, 70: 214-221.

Kanazawa, Y. 1975. Production, dispersal and germination of acorns in natural stands of *Quercus crispula*: A preliminary report. J. Jpn. For. Soc., 57: 209-214.

Maetô, K. 1995. Relationships between size and mortality of *Quercus mongolica* var. *grosseserrata* acorns due to pre-dispersal infectation by frugivorous insects. J. Jpn. For. Soc., 77: 213-219.

Maetô, K. and K. Fukuyama. 1997. Mature tree effect of *Acer mono* seedling mortality due to insect herbivory. Eco. Res., 12: 337-343.

箕口秀夫. 1993. 野ネズミによる種子散布の生態的特徴. 動物と植物の利用しあう関係 (鷲谷いづみ・大串隆之一編), pp.236-253. 平凡社.

Miguchi, H. 1994. Role of wood mice on the regeneration of cool temperate forest.

Proceedings of NAFRO Seminar on Sustainable Forestry and its Biological Mechanisms: 115-121.

Miyaki, M. and K. Kikuzawa. 1988. Dispersal of *Quercus mongolica* acorns in a broadleaved deciduous forest. 2. Scatterhoarding by mice. For. Ecol. Manage., 25: 9-16.

Murakami, M. and N. Wada. 1997. Difference in leaf quality between canopy trees and seedlings affects migration and survival of spring-feeding moth larvae. Can. J. For. Res., 27: 1351-1356.

Oka, T. 1992. Home range and mating system of two sympatric field mouse species, *Apodemus speciosus* and *Apodemus argenteus*. Eco. Res., 7: 163-169.

Steele, M. A., T. Knowles, K. Bridle and E. L. Simms. 1993. Tannins and partial consumption of acorns: Implications for dispersal of oaks by seed predators. Am. Midl. Nat., 130: 229-238.

Vander Wall, S. B. 1990. Food hoarding in animals. 445pp. The Univ. of Chicago Press. Chicago.

Wada, N. 1993. Dwarf bamboos affect the regeneration of zoochorous trees by providing habitats to acorn-feeding rodents. Oecologia, 94: 403-407.

Wada, N. and S. Uemura. 1994. Seed dispersal and predation by small rodents on the herbaceous understory plant *Symplocarpus renifolius*. Am. Midl. Nat., 132: 320-327.

和田直也・植村滋．1998．野ネズミによるザゼンソウの種子散布様式に及ぼす種子サイズの影響．植物地理・分類研究，46：97-101．

Wada, N., M. Murakami and K. Yoshida. 2000. Effects of herbivore-bearing adult trees of the oak *Quercus crispula* on the survival of their seedings. Eco. Res., 15: 219-227.

Yoshida, K. 1985. Seasonal population trends of Macrolepidopterous larvae on oak trees in Hokkaido, Northern Japan. Kontyû, 53: 125-133.

［トドマツ・アカエゾマツ林の更新動態と 2 種の共存］

Day, R. J. 1972. Stand structure, succession, and the use of southern Alberta's Rocky Mountain forest. Ecology, 53: 472-478.

Fox, J. F. 1977. Alternation and coexistence of tree species. Am. Nat., 111: 69-89.

Kohyama, T. 1989. Simulation of the structural development of warm-temperate rain forest stands. Ann. Bot., 63: 625-634.

松田彊．1989．アカエゾマツ天然林の更新と成長に関する研究．北大農学部演習林研究報告，46：595-717．

Nakashizuka, T. and T. Kohyama. 1995. The significance of the asymmetric effect of crowding for coexistence in a mixed temperate forest. J. Veg. Sci., 6: 509-516.

Newman, E. I. 1982. Niche separation and species diversity in terrestrial vegetation. In "The Plant Community as a Working Mechanism" (ed. Newman, E. I.), pp. 61-77. Blackwell Scientific Publications. Oxford.

Oosting, H. J. and J. F. Read. 1952. Virgin spruce-fir of the Medicine Bow Mountains, Wyoming. Eco. Monogr., 22: 69-91.

Peet, R. K. 1981. Forest vegetation of the Colorado front range. Vegetatio, 45: 3-75.

Takahashi, K. 1997. Regeneration and coexistence of two subalpine conifer species in relation to dwarf bamboo in the understorey. J. Veg. Sci., 8: 529-536.

Takahashi, K. and T. Kohyama. 1999. Size structure dynamics of two conifers in relation to understorey dwarf bamboo: a simulation study. J. Veg. Sci., 10: 833-842.
Tatewaki, M. 1958. Forest ecology of the islands of the North Pacific Ocean. J. Fac. Agr., Hokkaido Univ., 50: 371-486.
舘脇操・山中敏夫．1940．北見木禽岳アカエゾマツ林の群落学的研究．札幌農林学会報，157：1-54．
Veblen, T. T. 1986. Treefalls and coexistence of conifers in subalpine forests of the Central Rockies. Ecology, 67: 644-649.

［照葉樹林の構造と樹木群集の構成］

Aiba, S. and T. Kohyama. 1996. Tree species stratification in relation to allometry and demography in a warm-temperate rain forest. J. Ecol., 84: 207-218.
Aiba, S. and T. Kohyama. 1997. Crown architecture and life-history traits of 14 tree species in a warm-temperate rain forest: significance of spatial heterogeneity. J. Ecol., 85: 611-624.
伊藤嘉昭・山村則男・島田正和．1992．動物生態学．507 pp. 蒼樹書房．
木元新作・武田博清．1989．群集生態学入門．198 pp. 共立出版．
Kohyama, T. 1992. Size-structured multi-species model of rain forest trees. Funct. Ecol., 6: 206-212.
Kohyama, T. 1993. Size-structured tree populations in gap-dynamic forest—the forest architecture hypothesis for the stable coexistence of species. J. Ecol., 81: 131-143.
甲山隆司．1993．熱帯雨林ではなぜ多くの樹種が共存できるのか．科学，63：768-776．
大沢雅彦（編）．1995．照葉樹林と硬葉樹林．植物の世界，59：13-130-160．朝日新聞社．
Platt, W. J. and D. R. Strong. (eds). 1989. Special feature. Gaps in forest ecology. Ecology, 70: 536-576.
Sheil, D. and R. M. May. 1996. Mortality and recruitment rate evaluations in heterogeneous tropical forests. J. Ecol., 84: 91-100.
山倉拓夫．1992．構造と種の多様性．熱帯雨林を考える（四出井綱英・吉良竜夫監修），pp.53-94．人文書院．
湯本貴和．1995．屋久島　巨木の森と水の島の生態学．201 pp. 講談社ブルーバックス．

［リュウノウジュの林冠優占と熱帯雨林の多様性］

Clark, D. B., D. A. Clark and J. M. Read. 1998. Edaphic variation and the mesoscale distribution of tree species in a neotropical rain forest. J. Ecol., 86: 101-112.
Connell, J. H. 1971. On the role of natural enemies in preventing competitive exclusion in some marine animals and in rain forest trees. In "Dynamics of Numbers of Populations" (eds. den Boer, P. J. and G. R. Gradwell), pp. 298-312. Center for Agricultural Publication and Documentation. Wageningen, Netherlands.
Connell, J. H. and M. D. Lowman. 1989. Low-diversity tropical rain forests: some possible mechanisms for their existence. American Naturalist, 134: 88-119.
Davies, S. J., P. A. Palmiotto, P. S. Ashoton, H. S. Lee and J. V. LaFrankie. 1998. Comparative ecology of 11 sympatric species of *Macaranga* in Borneo: tree distribution in relation to horizontal and vertical resource heterogeneity. J. Ecol., 86: 662-

673.
Itoh, A. 1995. Effects of forest floor environment on germination and seedling establishment of two Bornean rainforest emergent species. J. Trop. Ecol., 11: 517-527.
Itoh, A., T. Yamakura, K. Ogino and H. S. Lee. 1995. Survivorship and growth of seedlings of four dipterocarp species in a tropical rain forest of Sarawak, East Malaysia. Ecological Research, 10: 327-338.
Janzen, D. H. 1970. Herbivores and the number of tree species in tropical forests. American Naturalist, 104: 501-528.
Liew, L. C. and W. F. Wong. 1973. Density, recruitment, mortality and growth of Dipterocarp seedlings in virgin and logged-over forests in Sabah. Malaysian Forester, 36: 3-15.
Richards, P. W. 1952. The Tropical Rain Forest. 450pp. Cambridge Unv. Press. Cambridge.
Turner, I. M. 1990. The seedling survivorship and growth of three *Shorea* species in a Malaysian tropical rain forest. J. Trop. Ecol., 6: 469-478.
Whitmore, T. C. 1984. Tropical Rain Forests of the Far East (2nd ed.). 352pp. Clarendon Press. Oxford.
Wills, C. and R. Condit. 1997. Strong density- and diversity-related effects help to maintain tree species diversity in a neotropical forest. Proc. Nat. Acad. Sci. USA, 94: 1252-1257.
Yamada, T., T. Yamakura, M. Kanzaki, A. Itoh, T. Ohkubo, K. Ogino, E. O. K. Chai, H. S. Lee and P. S. Ashton. 1997. Topography dependent spatial pattern and habitat segregation of sympatric *Scaphium* species in a tropical rain forest. Tropics, 7: 55-64.
Yamakura, T., M. Kanzaki, A. Itoh, T. Ohkubo, K. Ogino, C. O. K. Ernest, H. S. Lee and P. S. Ashton. 1995. Topography of a large-scale research plot established within the Lambir rain forest in Sarawak. Tropics, 5: 41-56.

[春の広葉樹林における植物 - 昆虫 - 鳥の三者関係]

Alatalo, R. V. and J. Moreno. 1987. Body size interspesific interaction, and use of foraging sites in tits (Paridae). Ecology, 68: 1773-1777.
Dewar, R. C. and A. D. Watt. 1992. Predicted changes in synchrony of larval emergence and budburst under climatic warming. Oecologia, 89: 557-559.
Holmes, R. T. and J. C. Schultz. 1988. Food availability for forest birds: effects of prey distribution and abundance on bird foraging. Can. J. Zool., 66: 720-728 .
Holmes, R. T., J. C. Schultz and P. Nothnagle. 1979. Bird predation on Forest insects: an exclosure experiment. Science, 206: 462-463.
Kikuzawa, K. 1983. Leaf survival of woody plants in deciduous broad-leaved forest. 1. Tall trees. Can. J. Bot., 61: 2133-2139.
Lack, D. 1971. Ecological isolation in birds. Harvard Univ. Press. Cambridge.
MacArthur, R. H. and J. W. MacArthur. 1961. On bird species diversity. Ecology, 42: 594-599.
Marquis, R. J. 1996. Plant morphology and recruitment of the third trophic level: subtle And little-recognized defenses? Oikos, 75: 330-334.

Murakami, M. 1998. Foraging habitat shift in narcissus flycatcher, Ficedula narcissina, due to the response of herbivorous insects to strengthening defense of canopy trees. Ecol. Res., 13: 73-82.

Murakami, M. 1999. Effect of avian predation on survival of leaf-rolling lepidopterours larvae. Res. Pop. Ecol., 41: 135-138.

Murakami, M. and S. Nakano. Bird function in a forest canopy food web. Proc. R. Soc. Lond. B. in press.

Murakami, M. and N. Wada. 1997. Difference in leaf quality between canopy trees and seedlings affects migration and survival of spring-feeding moth larvae. Can. J. For. Res., 27: 1351-1356.

大串隆之．1993．動物と植物の利用しあう関係（鷲谷いずみ・大串隆之編），pp. 9-47，平凡社．

Timbergen, N. 1958. Curious Naturalists. 278pp. The Hamlyn Publishing Group Lim. London.

[森の土壌をめぐる物質動態]

Driscoll, C. T. and G. E. Likens. 1982. Hydrogen ion budget of aggrading foreted ecosystem. Tellus, 34: 283-292.

岩坪五郎．1996．森林生態系の物質循環．森林生態学（岩坪五郎編），pp. 115-188，文永堂．

佐久間敏雄・冨田充子・柴田英昭・田中夕美子．1994．酸性沈着の影響下にある広葉樹林，針葉樹林生態系における硫黄の分布と循環Ⅱ：沈着・排出および系内の循環．土肥誌，65：684-691．

柴田英昭．1997．森林生態系の物質循環における土壌-植物系の役割：酸性降下物に対する緩衝機構を中心として．135 pp．北海道大学農学部博士論文．

柴田英昭．1999．森林生態系の物質循環と酸中和機構．酸性環境の生態学（佐竹研一編），pp. 138-152．愛智出版．

柴田英昭・佐久間敏雄．1994．苫小牧北西の森林地帯における酸性降下物．土肥誌，65：313-320．

Shibata H. and T. Sakuma. 1996. Canopy Modification of Precipitation Chemistry in Deciduous and Coniferous Forests Affected by Acidic Deposition. Soil Sci. Plant Nutr., 42: 1-10.

Shibata, H., F. Satoh, Y. Tanaka and T. Sakuma. 1995. The role of organic horizons and canopy to modify the chemistry of acidic deposition in some forest ecosystems. Water, Air, and Soil Pollut., 85: 1119-1124.

Shibata, H., M. Kirikae, Y. Tanaka, T. Sakuma and H. Ryusuke. 1998. Proton Budgets of Forest Ecosystems on Volcanogenous Regosols in Hokkaido, Northern Japan. Water, Air, and Soil Pollut., 105: 63-72.

van Breemen, N., J. Mulder and C.T. Driscoll. 1983. Acidification and alkalinization of soils. Plant and Soil, 75: 283-308.

van Breemen, N., C. T. Driscoll and J. Mulder. 1984. Acidic Deposition and Internal Proton Source in Acidification of Soils and Waters. Nature, 307: 599-604.

[河川の構造と森林]

Frissell, C. A., W. J. Liss, C. E. Warren and M. D. Hurley. 1986. A hierarchical

framework for stream habitat classification: viewing streams in a watershed context. Environ. Manage., 10: 199-214.
Grant, G. E., F. J. Swanson and M. G. Wolman. 1990. Pattern and origin of stepped-bed morphology in high-gradient streams, Western Cascades, Oregon. Geol. Soc. Am. Bull., 102: 340-352.
可児藤吉．1944．渓流棲昆虫の生態．昆虫(上巻，古川晴男編)．pp.117-317．研究社．
Keller, E. A. and W. N. Melhorn. 1978. Rhythmic spacing and origin of pools and riffles. Geol. Soc. Am. Bull., 89: 723-730.
Takaoka, S. and K. Sasa. 1996. Landform effects on fire behavior and post-fire regeneration in the mixed forests of northern Japan. Ecol. Res., 11: 339-349.

[森と川のつながり]
青山智哉・鷹見達也・永田光博・宮本真人・大久保進一・柳井清治・長坂有・佐藤弘和・川村洋司．1998．積丹川におけるサクラマス幼稚魚の分散と定着．魚と水，35：125-133．
北野文明・中野繁・前川光司・小野有五．1995．河川型オショロコマの流程分布に対する水温の影響および地球温暖化による生息空間の縮小予測．野生生物保護，1：1-11．
真山紘．1995．サケ・マスの生態特性と河川．河川生態環境工学(玉井信行・水野信彦・中村俊六編)，pp.111-121．東京大学出版会．
長坂有．1996．人工改変された河川におけるサクラマスの生息環境(I)：サクラマス幼魚の流速・植生カバー選好性．日本林学会北海道支部論文集，44：52-54．
長坂有．1997．サクラマス幼魚の胃内容物と餌生物について．平成8年度共同研究報告書山地渓流における魚類増殖と河畔林整備に関する研究：魚にやさしい森づくり調査，pp. 58-64．北海道立林業試験場・北海道立水産孵化場．
永田光博・柳井清治・宮本真人・宮本真人・大久保進一・青山智哉・鷹見達也・川村洋司・長坂有・佐藤弘和．1998．サクラマス稚魚の分布と生息環境．魚と水，35：67-83．
中村太士・百海琢司．1989．河畔林の河川水温への影響に関する熱収支的考察．日本林学会誌，71：387-394．
佐藤弘和．1996．魚にやさしい森づくり：水温からみたサクラマスと河畔林の関係．光珠内季報，105：11-15．
Takami, T., F. Kitano and S. Nakano 1997. High water temperature influences on foraging responses and thermal deaths of Dolly Varden *Salvelinus malma* and white-spotted charr *S. leucomaenis* in a laboratory. Fisheries Science, 63: 6-8.
鷹見達也・佐藤弘和．1998．サクラマス幼魚の食欲におよぼす高水温の影響および致死水温．魚と水，35：119-124．
柳井清治．1997．山地渓流における魚類増殖と河畔林整備に関する研究成果と今後の課題．平成8年度共同研究報告書山地渓流における魚類増殖と河畔林整備に関する研究：魚にやさしい森づくり調査，pp. 80-93．北海道立林業試験場・北海道立水産孵化場．
柳井清治・寺沢和彦．1995．北海道南部沿岸山地流域における森林が河川および海域に及ぼす影響(II)：山地渓流における広葉樹9種落葉の分解過程．日本林学会誌，77：563-572．
柳井清治・福地稔・長坂有・佐藤弘和．1994．山地渓流におけるサクラマス産卵床の分布と河床礫組成．日本林学会北海道支部論文集，42：184-186．

索　引

【ア行】

アオギリ　98
アカエゾマツ　124
アカガシ　80
アカネズミ　114
アカメガシワ　92
亜高木　21
アザミウマ　14
アトラクション効果　26
アメマス　211
アルカリ元素　183
アロメトリー式　139
安山岩　181
アンモニア態窒素　178
イイギリ　92
イオン交換　178
イオン交換反応　187
移住　30
移住仮説　34
一斉開花　3, 13, 66, 151
胃内容物
　　サクラマスの　215
イヌブナ　95
陰イオン　181
隠匿貯蔵型植物　110
液果　43
エゾアカネズミ　112, 113
エゾヤチネズミ　112, 113
エルニーニョ南方振動　4, 14
塩素収支　182
オオバギ属　157
オオミツバチ　5, 15
オショロコマ　211
落葉　214
落葉の分解要因　214

【カ行】

オナガコミミネズミ　66, 67, 68
オノエヤナギ(ナガバヤナギ)　213
オポチュニスト　7
温度障壁　211

開花トリガー　5
階層構造　143, 141
化学組成　179
夏期河川水温　209
隠れ場(カバー)　212
火山灰　179
果実　61
果実食者　65, 66, 67, 70, 71, 73, 74
果実選好性　71
花序　21
花序数　25
風散布　43
風散布果実　98
風散布型　63
河川景観　191, 201
河川構造　191, 196
カツラ　95
河畔域　203
河畔林　206
河畔林帯幅　217
河畔林の被陰率　217
花粉制限　22
カリマンタン(ボルネオ)島　73
芽鱗　89
環境傾度　141
乾性降下物　182
キトガリキリガ　118
キビタキ　165
ギャップ　141, 151, 153

232　索　引

擬優占種　150
擬優占林　150
休眠芽　89
共進化　71
競争　72
競争排除則　135
兄弟間相互作用　30
巨大木　97
近縁種の共存　154
空間獲得戦略　96
空間的すみ分け　145
空間的逃避　30
空間的逃避仮説　32
空間分布　63
区間　195, 199, 202
くぼんだ斜面　77
クマイザサ　125
クラスター分析　78
群集　135
群集構造　166
傾斜変換線　77
渓畔林　206
渓流　189
渓流魚　189, 204
結果率　22
結実率　22
元素吸収　183
鉱質土壌　179
更新特性　145
高木性樹種　80
広葉樹林　183
ゴジュウカラ　165
個体群動態　138
個体識別法　209
個体密度　24
コナラ　92, 110
混交フタバガキ林　3
混交林　146
コンパートメントモデル　182

【サ行】
採餌行動　166
サイズ構造モデル　131
サクラマス　207
サクラマスの胃内容物　215
ザゼンソウ　112, 113, 114
サブユニット　198, 199, 204
サラノキ属　157
サラワク　147
酸性雨　187
酸中和能　185
産卵床　216
ジェネラリスト　7
自家不和合性　23
自家和合性　23
シギゾウムシ類　109
資源制限　22, 25
資源の転流　28
指向性散布　30
指向性散布仮説　36
自己被陰　103
シジュウカラ　165
湿性降下物　182
湿地林　206
自動撮影装置　62, 65, 70, 71
自動撮影法　66
シードバンク　30, 39
シードレイン　39
自発的散布　43
社会性ハナバチ　5, 9
積丹川　207
斜面崩壊　77
斜面崩落　85
蛇紋岩　179, 181
種衣　61, 72
収支　182
重炭酸　181
集中貯蔵　111
集中分布　24
重力散布　43

索　引　233

樹冠　20, 139, 142
種間競争　131
主幹の交代　84
樹冠面積　102
樹形　96, 138
樹形の多様性　106
樹形モデル　106
主根　87
種子サイズ　114
種子散布　61, 63, 67, 73, 74
種子散布者　61, 62, 74
種子散布の意義　30
種子捕食者飽食仮説　13
主成分分析　143
シュート　89
種内競争　131
種の多様性　106
寿命　128
瞬間成長係数　210
硝化　185
硝酸態窒素　178
掌状葉　100
照葉樹林　134
常緑樹　80
植食者　171
植食性昆虫　166
植生　178
食葉性昆虫　115
除歪対応分析　69
シロザケ　207
人工カバー　213
侵食作用　76
伸長成長　102
シンドローム　62
針葉樹林　179, 183
森林景観　191, 201
森林構造　77
森林構造仮説　135, 143
森林植生　81
森林生態系　177

森林と河川の相互作用　200
水質浄化　216
水深　193, 213
スイス・チーズ　142
水生昆虫　214
水槽実験　211
水中カバー　213
水平的不均一性　142, 143
スケール　198, 199
スダジイ　80
スペシャリスト　7, 12
すみ分け　154
生育適地　156
生活史戦略　144
生産圧仮説　151
生残戦略　96
生存曲線　152
成長戦略　96
生物間相互作用　171
生物多様性　63, 65
生物地球化学的循環　177
絶滅　73, 74
絶滅の確率　15
セーフサイト　34
瀬－淵構造　196
センダイムシクイ　165
潜伏芽　89
相互作用　62
相対光量子束密度　25
相対成長関係　104
送粉者の不足　14

【夕行】
大気降下物　181
堆積岩　179
ダイナミックシステムモデル　128
大量開花　28
蛇行　196
タマンネガラ国立公園　73
多様性　74

樹形の　106
単一種優占林　146
暖温帯雨林　134
単軸成長　100
タンニン　110, 116, 167
断片化　15
地下子葉性発芽　109
地球温暖化　187
地形指数　155
チシマザサ　125
稚樹の死亡率　160
稚樹の生存過程　152
稚樹の耐陰性　152
地表撹乱　77
地表の安定性　81
頂端分裂細胞　105
チョウ目幼虫　115, 116, 117, 118, 119
貯食　61, 67
貯食行動　67, 70, 73, 114
貯蔵養分　93
ツガ　80
ツルヨシ　212
定位採餌　192, 204
定位点　192
低温パルス　4
底質　193
ディスプレイサイズ　22
泥炭湿地　147
低木類　80
デモグラフィー　41
電気漁具　208
投網　208
動植物相互作用　65, 72
動物散布　43
動物散布型　63
倒木　127, 203
土壌鉱物の風化　187
土壌指数　154
土壌‐植生系　178, 182
土壌浸透水　179

土壌水　179
土壌の酸性化速度　185
土壌溶液　179
トドマツ　124
苫小牧演習林　166
鳥散布植物　43
トレードオフ　145
ドングリ　109, 110, 111, 112, 115

【ナ行】
内部循環　184
ナガバヤナギ（オノエヤナギ）　213
日最高水温　211
日水温較差　211
根返り　83
熱帯雨林　62, 63, 66, 74, 97, 146
熱帯山地林　51
根の形態　87
野ネズミ　111, 112, 115

【ハ行】
バイカモ　212
ハクウンボク　21
ハシドイ　175
ハシブトガラ　165
波状形状　196
パソ森林保護区　62, 65, 73, 74
発芽定着　128
伐採　94
パッチ　202, 204
ハビタット　156
ハマキガ　175
繁殖期　43
繁殖シュート　23
繁殖戦術　61
被圧形態　103
被陰率
　　　河畔林の　217
光の垂直分布　105
悲観的戦略　144

尾叉長　208
被子植物　61
微生物　178
微地形　76, 127
非繁殖期　43
非平衡仮説　123
ヒメネズミ　111, 112, 113, 114
風化　184
風散布　43
風散布果実　98
風散布型　63
ブタオザル　66, 67, 68, 70
フタバガキ科　146, 147
付着藻類　217
物質収支　183
物質循環　177, 182
フネミノキ　97
フネミノキ属　157
冬芽　89
フラックス　181
プロトン　184
プロトン収支　185
プロトン消費　185, 186
プロトン生成　185, 186
分解要因
　　落葉の　214
分散貯蔵　36, 111, 113, 114
平衡仮説　123
閉鎖林冠　142
萌芽幹　84
萌芽再生力　84
萌芽戦略　95
訪花頻度　22
房総丘陵　76
母幹　87
保護水面　207
捕食者　166
補食性昆虫　173
ホソバリュウノウジュ　147
哺乳類散布植物　43

ボルネオテツボク　73
ボルネオ島　73, 147

【マ行】

毎木調査　138
マウンド　127
マメ科　146
マメジカ　66, 68, 69, 70
マルハナバチ　21
マレーシア　97, 147
幹の傾き　86
実生　108, 115, 116, 117, 118, 119
水散布　43
ミズナラ　108, 109, 115, 116, 117, 118, 119, 167
水辺林　206
密度依存的な死亡　158
ミヤコザサ　125
胸高断面積合計　154
胸高直径　138
モミ　80

【ヤ行】

屋久島　135
ヤマアラシ　68, 69, 70, 71, 73
ヤマアラシ科　66
ヤマアラシ選好性植物　71, 72, 73
ヤマメ　192
有機酸　181
陽イオン　181
養分貯蔵　92
葉面境界層抵抗　103

【ラ行】

ライシメーター　179
落葉広葉樹　80, 166
落葉層　179
楽観的戦略　144
ランビル国立公園　147
陸生昆虫　214

陸封型　208
理想自由分布　9
立地条件　63
流域　77, 196, 199, 201
流速　193, 213
流速計　193
竜脳　148
リュウノウジュ　146, 147, 150
リュウノウジュ属　147
流路単位　197, 199, 204
隣花受粉　23
林冠　19
林冠エンクロージャー　171
林冠ギャップ　80
林冠構成木　97
林冠層　80

【ワ行】
ワイブル分布　152
渡り　44

【C】
channel unit　197
C-N比　215
CPI　142

【D】
Dipterocarpus globosus　149
Dryobalanops　147
Dryobalamops aromatica　147
Dryobalamops beccarii　150
Dryobalamops lanceolata　147
【G】
Gilbertiodendron dewevrei　146
Goniothalamus　157
【J】
Janzen-Connell 仮説　32
【M】
Macaranga　157
Mora excelsa　146
【Q】
Quercus crispula　108
Quercus laevis　110
Quercus petraea　119
Quercus phellos　110
Quercus robur　119
Quercus serrata　110
【S】
Scaphium　157
Shorea　157
Shorea albida　146
Shorea curtisii　149
Shorea geniculata　149
Shorea ovalis　153

著者紹介

相場慎一郎(あいば　しんいちろう)
　　1969年生まれ
　　1997年　北海道大学大学院地球環境科学研究科博士課程修了
　　現　在　鹿児島大学理学部助手　博士(地球環境科学)

伊東　　明(いとう　あきら)
　　1964年生まれ
　　1995年　京都大学大学院農学研究科博士課程単位取得退学
　　現　在　大阪市立大学大学院理学研究科助教授　博士(農学)

井上　幹生(いのうえ　みきお)
　　1968年生まれ
　　1997年　北海道大学大学院農学研究科博士課程修了
　　現　在　愛媛大学理学部助教授　博士(農学)

加藤　悦史(かとう　えつし)
　　1974年生まれ
　　現　在　北海道大学大学院地球環境科学研究科博士課程

木村　一也(きむら　かずや)
　　1971年生まれ
　　現　在　日本学術振興会特別研究員　博士(理学)

酒井　暁子(さかい　あきこ)
　　1964年生まれ
　　1995年　千葉大学大学院自然科学研究科博士課程修了
　　現　在　東北大学大学院理学研究科研究生　博士(理学)

佐藤　弘和(さとう　ひろかず)
　　1968年生まれ
　　1993年　北海道大学大学院環境科学研究科修士課程修了
　　現　在　北海道立林業試験場研究職員　博士(農学)

柴田　英昭(しばた　ひであき)
　　1968年生まれ
　　1997年　北海道大学大学院農学研究科博士課程修了
　　現　在　北海道大学北方生物圏フィールド科学センター助教授　博士(農学)

柴田　銃江(しばた　みつえ)
　　1967年生まれ
　　1990年　名古屋大学農学部卒業
　　2001年　名古屋大学大学院生命農学研究科博士課程(社会人特別選抜)修了
　　現　在　森林総合研究所主任研究官　博士(農学)

高橋　耕一（たかはし　こういち）
　　1966年生まれ
　　1996年　北海道大学大学院地球環境科学研究科博士課程修了
　　現　在　信州大学理学部助教授　博士（地球環境科学）

村上　正志（むらかみ　まさし）
　　1970年生まれ
　　1999年　北海道大学大学院地球環境科学研究科博士課程修了
　　現　在　北海道大学北方生物圏フィールド科学センター助手　博士（地球環境科学）

百瀬　邦泰（ももせ　くにやす）
　　1968年生まれ
　　1998年　京都大学大学院理学研究科博士課程修了
　　現　在　京都大学大学院アジア・アフリカ地域研究研究科助手　博士（理学）

安田　雅俊（やすだ　まさとし）
　　1968年生まれ
　　1998年　東京大学大学院農学生命科学研究科博士課程修了
　　現　在　森林総合研究所主任研究官　博士（農学）

山田　俊弘（やまだ　としひろ）
　　1969年生まれ
　　1997年　大阪市立大学大学院理学研究科博士課程修了
　　現　在　熊本県立大学環境共生学部助教授　博士（理学）

和田　直也（わだ　なおや）
　　1967年生まれ
　　1995年　北海道大学大学院環境科学研究科博士課程修了
　　現　在　富山大学極東地域研究センター助教授　博士（環境科学）

菊沢喜八郎(きくざわ　きはちろう)
　1941年生まれ
　1971年　京都大学大学院農学研究科博士課程修了
　現　在　京都大学大学院農学研究科教授　理学博士・農学博士
　主な著書
　　北の国の雑木林・植物の繁殖生態学(ともに蒼樹書房)，森林の
　　生態(共立出版)など
甲山　隆司(こうやま　たかし)
　1954年生まれ
　1983年　京都大学大学院理学研究科博士課程修了
　現　在　北海道大学大学院地球環境科学研究科教授　理学博士
　主な著書
　　生物多様性とその保全(共著，岩波書店)など

森の自然史——複雑系の生態学——
2000年10月5日　第1刷発行
2005年3月25日　第3刷発行

　　　　　編　者　菊沢喜八郎・甲山隆司
　　　　　発行者　佐伯　浩

　　　　　発行所　北海道大学図書刊行会
　　　札幌市北区北9条西8丁目 北海道大学構内(〒060-0809)
　　　　Tel. 011(747)2308・Fax. 011(736)8605・http://www.hup.gr.jp/

アイワード　　　　　　　　　　Ⓒ 2000　菊沢喜八郎・甲山隆司

ISBN4-8329-9891-9

植物生活史図鑑 I 　　春の植物No.1	河野昭一監修	Ａ４・122頁 価格3000円
植物生活史図鑑 II 　　春の植物No.2	河野昭一監修	Ａ４・120頁 価格3000円
新版　北海道の花［増補版］	鮫島惇一郎 辻井　達一著 梅沢　俊	四六・376頁 価格2600円
新版　北海道の樹	辻井　達一 梅沢　俊著 佐藤　孝夫	四六・320頁 価格2400円
北海道の湿原と植物	辻井達一 橘ヒサ子 編著	四六・266頁 価格2800円
写真集 北海道の湿原	辻井　達一 岡田　操 著	Ｂ４変・252頁 価格18000円
札幌の植物 　　―目録と分布表―	原　松次編著	Ｂ５・170頁 価格3800円
普及版　北海道主要樹木図譜	宮部　金吾著 工藤　祐舜 須崎　忠助画	Ｂ５・188頁 価格4800円
植物の耐寒戦略 　―寒極の森林から熱帯雨林まで―	酒井　昭	四六・260頁 価格2200円
有用植物和・英・学名便覧	由田　宏一編	Ａ５・376頁 価格3800円
高山植物の自然史 　　―お花畑の生態学―	工藤　岳編著	Ａ５・238頁 価格3000円
花の自然史 　　―美しさの進化学―	大原　雅編著	Ａ５・278頁 価格3000円
雑草の自然史 　　―たくましさの生態学―	山口裕文編著	Ａ５・248頁 価格3000円
植物の自然史 　　―多様性の進化学―	岡田　博 植田邦彦編著 角野康郎	Ａ５・280頁 価格3000円
土の自然史 　　―食料・生命・環境―	佐久間敏雄 梅田安治 編著	Ａ５・256頁 価格3000円
野生イネの自然史 　　―実りの進化生態学―	森島啓子編著	Ａ５・228頁 価格3000円
雑穀の自然史 　　―その起源と文化を求めて―	山口裕文 河瀨眞琴 編著	Ａ５・262頁 価格3000円
栽培植物の自然史 　　―野生植物と人類の共進化―	山口裕文 島本義也 編著	Ａ５・256頁 価格3000円

━━━━━━━━北海道大学図書刊行会━━━━━━━━

価格は税別